Die

Sprünge im Steinkohlengebirge.

Dargestellt

von

von Carnall,

Königl. Preufs. Ober-Einfahrer zu Tarnowitz in Ober-Schlesien.

(Aus dem neunten Bande des Archivs für Mineralogie, Geognosie, Bergbau und Hüttenkunde besonders abgedruckt.)

Mit neun Kupfertafeln.

Berlin,
gedruckt und verlegt bei G. Reimer,
1835.

System und Uebersicht.

Anhang.

Trigonometrische Auflösung der, bei Sprüngen vorkommenden Aufgaben.

Verbesserungen.

S. 18	Z. 10 v. u.	fehlt am Schlufs der Zeile: das
— 19	— 11 v. u.	nach oben, statt erhoben
— 28	— 15 v. u.	südwestlich Sprung *e* st. südwestlichen Sprunges *e*
— 30	— 2 v. o.	um st. und
— 34	— 10 v. u.	Sohlen st. Kohlen
— 38	— 8 v. o.	ihm st. ihr
— 50	— 8 v. u.	die der st. die
— 53	— 17 v. o.	Ebenen st. Ebene
— 67	— 11 v. o.	mufs es heifsen: rechtwinklig; wenn sie aber spieseckig, im schiefen Winkel
— 68	— 14 v. u.	Streichlinien als die Ebenen.
— 75	— 10 v. u.	hinter st. unter
— 76	— 5 v. u.	ein st. einem
— 85	— 16 v. o.	zwei st. zwar
— 87	— 9 v. o.	vorhandene st. vorhanden
— 88	— 2 v. o.	fehlt zu Anfang der Zeile: von
— 121	— 5 v. o.	traten st. treten
— 123	— 5 v. o.	verknetete st. verküttete
— 129	— 10 v. o.	geringer st. gering
— 129	— 13 v. u.	mufs es heifsen: ohne dafs dadurch eine erhebliche Oeffnung des Kluftraumes veranlafst
— 140	— 7 v. o.	die st. der
— 146	— 14 v. u.	bis S. 160 ist stets zu lesen: verknetet st. verkantet,

Einleitung.

§. 1. Es giebt wenige Gebirgsmassen, welche nicht die Beobachtung machen liefsen, dafs Parthien von ihnen aus der ursprünglichen Lage gekommen sind. Solche Veränderungen können füglich in zwei Haupt-Abtheilungen gebracht werden. **Entweder** erfolgten dieselben zu einer Zeit, wo das Ganze sich in einem, noch gar nicht zu einiger Starrheit gekommenen, nachgebendem Zustande befand, und dann ist zwischen der, durch irgend eine Kraft bewegten, Masse und der relativ unverrückten, keine scharfe Grenze bemerkbar. **Oder** es liegt zwischen beiden eine rifsartige Scheidung, nach welcher die Entfernung eines Stückes von dem anderen statt fand.

Verschiebungen der letzten Art, von mancherlei Nebenerscheinungen begleitet, brachten im ältern Gebirge die **Gänge** hervor, welche als Träger reicher Metallschätze seit langer Zeit ein Gegenstand der bergmännischen Aufmerksamkeit, und daher vielfach untersucht und dargestellt worden sind.

Den Gangräumen analoge Trennungen des ursprünglichen Zusammenhanges, verbunden mit veränderter Lage der getrennten Massenstücke, finden wir auch im Flötz-, besonders ausgezeichnet aber im Steinkohlen-Gebirge, und diesen sind die vorliegenden Blätter gewidmet.

Obgleich es einseitig erscheinen kann, ein und dasselbe Phänomen, je nachdem es im ältern oder jüngern Gebirge beobachtet wird, in besondere Darstellungen zu fassen, und obgleich der Verwurf eines Flötzes, der Hauptsache nach, sich ebenso verhalten muſs, wie die Verschiebung eines ältern Ganges durch einen jüngern, so dürfte doch bei genauerer Erwägung eine getrennte Betrachtung manches für sich haben. Einmal sind grade in dem, gewöhnlich regelmäſsig gelagerten, Steinkohlen-Gebirge die Verhältnisse oft noch viel klarer zu übersehen, als bei Gängen. Zweitens ist der Verwurf von zwei Flötztheilen demjenigen zweier Gänge nicht vollkommen gleich zu stellen, weil man es im ersten Falle nur mit 2 Gebirgsstücken, im letztern aber schon mit vier dergleichen zu thun hat. Drittens pflegt im Flötzgebirge das Fallen der Klüfte stärker zu sein, als dasjenige der verworfenen Schichten, und dies giebt der Erscheinung gewöhnlich ein etwas anderes Ansehen, als es die Verschiebungen der, meist steilen, Gänge unter einander beobachten lassen. Vergleicht man viertens die Sprungkluft mit dem Gange selbst: so versteht man unter Kluft einen, durch zwei ziemlich parallele Flächen begrenzten Raum, der erst dann den Namen „Gang" verdient, wenn die ihn ausfüllende Masse nicht mit der das Ganze einschlieſsenden identisch ist; der Inhalt der Sprungklüfte erscheint aber von den

Schichten des Kohlen-Gebirges selten wesentlich verschieden.

Endlich kann es der Forschung nur erspriesslich sein, wenn sie von der Einzelbetrachtung zu den höheren allgemeineren Begriffen aufsteigt, und darum hofft der Verfasser, dafs die vorliegende Darstellung als ein Beitrag zur Kunde solcher Vorkommnisse angesehen, und, als einen noch wenig erörterten Gegenstand betreffend mit Nachsicht aufgenommen und beurtheilt werden möge.

§. 2. Nach dem oben gesagten ist es nicht passend, die Bezeichnung Gang auf die Verwerfungsklüfte im Steinkohlen-Gebirge auszudehnen, und begründet auf ihre wesentlichen Unterschiede hat beide der Sprachgebrauch längst geschieden. Den Ausdrücken Verrükkung, Verschiebung und Verwerfung liegen mehr oder weniger allgemeine, sämmtliche dergleichen Erscheinungen in jedem Gebirge umfassende Begriffe zum Grunde. Wenig bestimmt oder auf specielle Unterschiede angewendet sind die Benennungen: Rücken, Wechsel, Kämme etc. Daher wurde hier der auch ziemlich allgemein bekannte Name Sprung gewählt, welcher in seinem doppelten Sinne passend erscheint; denn einmal liegt darin der Begriff der Trennung von etwas Gleichartigem, und anderseits die Idee eines Hinab- oder Heraufsetzens, ersteres in Beziehung auf die Kluft, letzteres auf die Verschiebung der getrennten Theile anwendbar.

§. 3. Wenn es bei der Betrachtung von Natur-Erscheinungen darauf ankommt, den Gesetzen nachzuspüren, welchen sie unterworfen sind: so wird dies um so schwieriger, je gröfser die Mannigfaltigkeit derselben, und wenn sich dabei sogar ergiebt, dafs ganz verschiedene Kräfte unter gewissen Umständen ähnliche oder gleiche Dinge hervorzubringen vermogten: so wird es leicht unmöglich, dasG anze auf ein einfaches Prinzip zurückzuführen. Bei den Sprüngen scheinen aber nicht nur mitunter verschiedene Kräfte thätig gewesen zu sein, sondern es ist zugleich unverkennbar, daſs sich deren Wirkung auf die Masse, nach Maaſsgabe der inneren Zusammensetzung derselben, und besonders vermöge deren ursprünglicher Discontinuität, verschiedenartig äuſsern muſste. — Alles dies genau erwogen, scheint es unzuläſsig, die Entstehungsweise der Sprünge einer systematischen Betrachtung zum Grunde zu legen, und man möge daher hier das Bestreben nicht verkennen, die Erscheinungen vorerst nur so, wie sie sich der Beobachtung darbieten, ohne allen Einfluſs von problematischen Ansichten aufzufassen. — Sei es auch, daſs selbst die hervorgehobenen Haupt-Erfahrungssätze nicht ohne wichtige Ausnahmen sind, und sich deshalb vielleicht nicht zu durchgreifenden Gesetzen erheben lassen: so fuſsen sie doch auf den gewöhnlichsten Vorkommnissen, und von einer solchen gewissen Regelmäſsigkeit ausgehend, sind dann auch die verschiedenen Abweichungen leichter zu übersehen. Mit einem Wort, es scheint dies der einzige Weg, auf welchem sich ein solcher Gegenstand einigermaaſsen systematisch abhandeln läſst.

Der vorliegende Versuch, im wesentlichsten auf Beobachtungen im schlesischen Steinkohlen-Gebirge basirt, entstand bereits vor 10 Jahren in Waldenburg, und war von 24 Modellen begleitet, die das darin aufgestellte versinnbildeten. Er erfuhr von einigen, die ihn damals begutachteten, viel bitteren Tadel, und dies muſste den Verfasser einschüchtern, ihn einer öffentlichen Mittheilung werth zu halten. Derselbe wagt auch jetzt, wo das Ganze einer nochmaligen Durcharbeitung unterworfen, kaum zu hoffen, daſs es sich bei einer Verallgemeinerung, d. h. bei einer Anwendung auf eine gröſsere Zahl von Beobachtungen in andern Gegenden und

Ländern, als brauchbar bewähren dürfte, würde sich aber sehr geschmeichelt fühlen, wenn es ihm gelänge, dadurch das behandelte Thema der Aufmerksamkeit aller derjenigen anzuempfehlen, deren Wirkungskreis zu weitern Beobachtungen Gelegenheit darbietet, oder die Bekanntmachung ihrer darüber bereits gesammelten Erfahrungen zu veranlassen.

Der zweite Abschnitt stellt alles das zusammen, was sich etwa über Entstehung der Sprünge sagen liefs, ohne sich weiter in das Gebiet der Gangtheorie zu wagen als grade nöthig schien, um einige nähere Bestätigungen für die aufgestellten Ansichten beizubringen. Vielleicht hätte hier der Verfasser manche ältere nur hin und wieder noch gangbare Erklärungsart mit Stillschweigen übergehen können, allein es geschah theils um möglichster Vollständigkeit willen, theils um dadurch die Gegensätze desto klarer hervor zu heben.

Der dritte Abschnitt bezweckt eine Anwendung des ersteren auf den Steinkohlenflötzbau, doch auch nicht mehr als nur die Regeln zur Ausrichtung eines Flötzes hinter einem angefahrenen Sprunge. Alles weitere gehört zur speciellen Lehre von dem Bau selbst.

Der Anhang, betreffend die bei Sprüngen vorkommenden Berechnungen, dürfte vielleicht nicht überflüssig sein, da man sich nur gar zu häufig noch unvollkommener mechanischer Hülfsmittel bedient, wo eine Anwendung der Trigonometrie sicherer und schneller zum Ziele führen kann.

Erster Abschnitt.

System der Sprünge.

§. 4. Ohne alle Beimischung von genetischen Ansichten, läfst sich der Haupt-Begriff eines Sprunges im weitesten Sinne des Wortes etwa in folgender Definition feststellen:

> Wenn von zwei Stücken des Steinkohlen Gebirges, die durch eine, mit dessen Masse erfüllte, Kluft geschieden werden, das eine höher oder tiefer liegt als das andere: so heifst dies ein Sprung.

Man kann sich zwar ein Gebirgsstück meist nur durch ein Vorhandensein von mehr als einem Sprunge aus dem Ganzen gelöst, und in andere Lage versetzt denken: allein wir bleiben hier zunächst bei dem einfachen Verhalten stehen, und finden, dafs bei einem jeden Sprunge dreierlei Gegenstände zu betrachten sind; nehmlich: 1. die Sprungkluft, 2. die Erfüllungsmasse derselben und 3. die Lage der getrennten Gebirgsstücke gegeneinander.

In Betreff des letzteren ist allerdings für den Bergmann wieder das Verhalten der darin befindlichen Flötztheile das wichtigste, und, da die gesammte Sprung-Erscheinung oft mit der Schichtenlage in naher Beziehung steht, auch bei einer rein systematischen Betrachtung nicht zu übersehen. Nichts desto weniger dürfte es aber passend sein, die Lage der Sprungklüfte gegen die Flötze jetzt noch aufser Acht zu lassen, und vorerst nur die Trennung und Lage der ganzen Gebirgsstücken ins Auge zu fassen.

Erste Abtheilung.

Betrachtung der Sprünge, ohne Rücksicht auf die Lage der Gebirgsschichten.

Erstes Kapitel.

Von den Sprungklüften.

§. 5. Kluft nennt man die Trennung einer festen Gebirgsmasse, und verbindet damit gewöhnlich den Begriff, dafs die durch selbige getrennten Massenstücke mehr oder weniger weit auseinander liegen, der Zwischenraum mag nun entweder hohl, oder auch mit etwas anderem erfüllt sein. Bei einem Sprunge ist eine Kluft der obigen Erklärung zufolge, derjenige Raum, welchen die einander zugekehrten Seiten der beiden Gebirgsstücke zwischen sich lassen.

§. 6. Die Lage einer solchen Kluft im Raum wird durch ihr Streichen und Fallen bestimmt.

Das Streichen ist die Lage oder die Erstreckung einer Kluft nach einer Linie, welche man sich auf der einen oder andern der beiden, sie einschliefsenden Flächen horizontal gezogen denkt — abgenommen gegen den magnetischen Meridian.

Das Fallen aber ist die Lage der Ausdehnung in einer, auf den Kluft-Flächen rechtwinklig gegen die Streichlinie zu ziehenden Linie. Sie hat unter allen auf diesen Flächen denkbaren Linien die gröfste Neigung gegen eine horizontale Ebene. Neben der Messung dieses Winkels ist auch immer noch die Richtung ihrer Einsenkung nach einer gewissen Weltgegend anzugeben.

Im Kurzen ist also, wenn man sich den Raum der Kluft ohngefähr als ein dünnes Prisma vorstellt, deren Streichen die Lage der Ausdehnung in die Länge, und das Fallen die Lage ihrer Erstreckung in die Teufe.

Zwei Linien bestimmen die Lage einer Ebene im Raum, mithin ist durch Streichen und Fallen die Lage der Sprungkluft genau bestimmt. *)

§. 7. Die Streichlinien der Sprungklüfte machen mit dem Meridian die verschiedensten Winkel, ohne dafs dadurch eine Verschiedenheit in der ganzen Sprung-Erscheinung bemerkbar wird. Es würde daher in einer allgemeinen Betrachtung von keinem Nutzen sein, die nach dem Streichen gemachte Abtheilung der Gänge in Stehende- Morgen- Spät- und Flache-Gänge auch auf die Sprungklüfte übertragen zu wollen.

§. 8. Die Sprungklüfte stehen selten ganz seiger, haben aber meist eine starke Neigung gegen den Horizont. Am häufigsten wechselt dieser Winkel zwischen 50 und 70 Grad; schon selten findet man ihn unter 45 Grad, und Verflächungen von 10 — 20 Grad sind ganz ungewöhnliche Vorkommnisse.

Analog der Eintheilung der Gänge nach der Gradation ihres Fallens, auch die Sprungklüfte in stehende, tonnlägige und schwebende abzutheilen, dürfte nicht nur ohne Nutzen sein, sondern auch leicht zu Verwechselungen führen. Denn einmal bildet hier der völlig seigere Stand etwas für sich zu betrachtendes und zweitens belegt man mit dem Ausdruck schwebend, eine Sprungkluft in einem ganz anderen Sinne (§. 48). Obgleich die Neigung der Kluft oft wichtige Unterschiede in der Sprung-Erscheinung bedingt: so beruhen diese doch, wie der Verfolg lehren wird, nicht absolut auf der Gröfse des Winkels, sondern auf dem Verhältnifs zur Tonnlage des Flötzes. Es ist daher im

---

*) Eigentlich kann die Angabe des Streichens und Fallens immer nur von den Sprungklüften gelten, allein man trägt dieselbe auch häufig auf das Ganze über, und spricht vom Streichen und Fallen der Sprünge.

Folgenden keine dergleichen Abtheilung angenommen worden.

§. 9. Ist eine Sprungkluft ganz senkrecht, so stehen die beiden, durch sie geschiedenen Gebirgsstücke gleichsam neben einander. Hat dieselbe aber eine Neigung, so bildet das eine der Gebirgsstücke die Unterlage, und das andere die Decke der Kluft. Jenes nennt man das Liegende, dieses das Hangende der Sprungkluft.*)

§. 10. Die Entfernung des Hangenden von dem Liegenden, also der Abstand der beiden Gebirgsstücke heifst die Mächtigkeit der Sprungkluft. Sie ist die, bei weitem kleinste dritte Dimension derselben, und mufs gegen das Fallen und Streichen rechtwinklig abgenommen werden.

Diese Mächtigkeit ist zwar gewöhnlich nicht bedeutend, doch finden sogar bei einer und derselben Kluft stellenweise darin grofse Unterschiede statt. Sie läfst sich aber auch nicht überall deutlich beobachten, da oft die Erfüllungsmasse mit der Umgebung fast ganz identisch erscheint, besonders wenn wir letztere aufgelöst oder sehr zerklüftet sehen. Am deutlichsten zeigt sich die Stärke einer Kluft an solchen Stellen, wo ihre Masse gegen das Nebengestein scharf abschneidet, so z. B. da sehr ausgezeichnet, wo ein Steinkohlenflötz in dem einen der getrennten Gebirgsstücken vor einem dergleichen in dem anderen, nur durch die Sprungkluft geschieden wird. An solchen Punkten sieht man dieselbe selten über 10 Zoll mächtig, im Gegentheil häufig

*) Oft bedient man sich dieser Ausdrücke auch für die Unterlage und Decke eines Flötzes. Um dadurch im weitern Vortrag keine Irrungen zu veranlassen, werden für die unter und auf einem Flötz liegenden Gebirgstheile stets nur die, ihnen eigentlich zukommenden Benennungen Sohle und Dach gebraucht werden.

bis zu einem Zoll herabgehend. — Auch da wo eine Kluft in sehr festen Gesteinen aufsetzt, wird ihre Mächtigkeit genau abzunehmen und gewöhnlich nicht beträchtlich sein. Da sich aber die zunächst begrenzende Gebirgsart, besonders wenn es milde Schieferthone sind, gern in einem wenig compakten Zustande befindet: so scheinen an dergleichen Stellen die Klüfte oft bis zu 1 Lachter Stärke anzunehmen. Dazu kommt noch der Umstand, dafs im Hangenden und Liegenden mitunter Ablösungen zu bemerken sind, welche mit den Kluftflächen parallel laufen, und dies macht die Abnahme der Mächtigkeit des Kluft-Raumes unsicher.

§. 11. Aus solchem Wechsel der Stärke einer Kluft folgt von selbst, dafs die Flächen ihres Hangenden und Liegenden selten wahre Ebenen sein können; sondern sie zeigen oft schon bei geringen Längen grofse Ungleichheiten, Erhebungen und Vertiefungen, wodurch partielle Aenderungen des Streichens und Fallens entstehen. Zugleich treten oft Wendungen in der gesammten Erstreckung, theils im Streichen theils im Fallen oder auch in mittleren Richtungen ein, und es ist ziemlich selten, dafs eine Sprungkluft ganz ohne dergleichen Veränderungen weit fortsetzt.

Zweites Kapitel.

Von der Erfüllungsmasse der Sprungklüfte.

§. 12. Wie schon in der Haupt-Definition angegeben, besteht die Erfüllungsmasse der Sprungklüfte aus denselben Gesteinen wie das Kohlen-Gebirge selbst.

Herrschend findet man einen milden Letten, welcher zufolge des mechanischen Wassergehaltes meist in einem Zustande ist, dafs er dem Drucke der Finger nachgiebt. Seine Farbe ist gewöhnlich grau, auch durch Gehalt an Bitumen, oder höchst fein eingemengter Steinkohle ins schwärzliche übergehend; das Anfühlen ist um so fettiger, je mehr derselbe dem reinen Thone nahe steht. Anderseits zeigen sich Verbindungen von Letten und Sand, welche theils ebenfalls ohne Consistenz sind, und oft viel Wasser führen, theils einen sandigen Schieferthon repräsentiren.

Selten bemerkt man in den Klüften wahren und festen Sandstein, und noch seltener grobe Geschiebe von Quarz etc. aus den Conglomeraten. Es ist aber hierbei zu berücksichtigen, dafs wir die Sprungklüfte fast immer nur in den Steinkohlen-Flötz-Zügen aufgeschlossen sehen, in denen Schieferthon und nächst ihm feinkörniger Sandstein, die herrschenden Gebirgslagen bilden, wogegen zu einem Aufschlufs derselben in den Zwischenmitteln von groben Conglomerat, nur selten Veranlassung ist.

§. 13. Die Kohle, welches dann und wann auf den Sprungklüften gefunden wird, ist unverkennbar nichts anderes als eine fein zerriebene oder zermalmte Steinkohle, welche dadurch der Rufskohle ähnlich geworden; weich, ins zerreibliche, abfärbend, pechschwarz, schimmernd u. s. w. Oft ist dieselbe mit Letten verunreinigt, oder vielmehr damit gleichsam verknetet, wobei die Farbe ins graue geht. Nur an Stellen, wo zu beiden Seiten der Kluft ein Flötz liegt, sieht man diese bisweilen ganz von Kohle eingenommen, doch ohne erhebliche Mächtigkeit. Anderwärts dagegen bildet jene Kohle einzelne Trümmer im Letten, welche ungefähr den Nebengesteinsflächen parallel laufen, doch auch ohne sonderliche Stärke, und ohne Aushalten im Streichen oder Fallen. Manchmal beobachtet man sogar einige derselben übereinander, nicht weit davon keilen sie sich wieder aus, und zeigen stets viele Unregelmäfsigkeiten. Der Bergmann nennt sie Bestege, wendet diesen Ausdruck aber auch auf die schmalen Fortsetzungen der Flötze bei bloſsen Verdrückungen und andern Störungen an.

§. 14. Ohne die Abtheilung, welche durch dergleichen Kohlentrümmer entsteht, finden wir mitunter die Erfüllungsmasse, besonders wenn sie etwas consistent, dickschiefrig abgesondert, entsprechend den Flächen des Hangenden und Liegenden der Kluft, ja bisweilen mit recht glatten, oder auch gestreiften Ablösungen. —

§. 15. Was sonst von Fossilien auf Sprungklüften vorkommt, ist wenig wesentlich. Nicht selten sieht man Schwefelkies, sowohl den hexaedrischen als auch den Binarkies, theils in einzelnen Trümmern, dünnen Platten, Drusen von Krystallen, und eingesprengt, theils wiewohl seltener in kugligen und traubigen Parthien (Strahlkies). Aus der Zersetzung dieser Kiese entstand der, öfters dieselben in haarförmigen Krystallen begleitende Eisenvitriol. Sphärosiderit wurde in einzelnen Knollen auf Sprungklüften angetroffen. Ferner kennt man darin das Vorkommen von Roth- und Brauneisenstein in Nieren, von Bleiglanz in Krystallen und eingesprengt, von Zinkblende etc. Auch sind Schwerspath, Quarz, Kalkspath, Gips etc. in Drusen und einzelnen Krystallen gefunden worden.

Drittes Kapitel.

Von der Lage der Gebirgsstücke.

§. 16. Die beiden durch eine Sprungkluft getrennten Gebirgsstücke liegen, wie gesagt, um deren Mächtigtigkeit aus einander; zugleich muſs aber das eine oder andere derselben eine höhere oder tiefere Lage angenommen haben, wenn die Erscheinung, unserer vorangestellten Haupt-Definition nach, wirklich Sprung heiſsen soll. Denn eine bloſse Trennung der Masse durch eine schwächere oder stärkere Kluft kann man füglich nicht mehr mit diesem Namen belegen, ohne ungleichartige Dinge zu vermengen. Ihre Betrachtung gehört daher nicht hieher. Auch lassen wir sogar den Einfluſs der (gewöhnlich sehr geringen) Mächtigkeit einer Sprungkluft, als meist unerheblich, vorläufig ganz unberücksichtigt, und werden dies Verfahren weiter unten (§. 143.) zu rechtfertigen suchen.

Es entsteht nun zunächst die Frage: in welcher Richtung sind je zwei zusammengehörige Theile aus einander getreten?

Die Erfahrung giebt darüber folgende Haupt-Regel.

§. 17. Die Fortbewegung hat in der Richtung der Falllinie der Kluft, und zwar auf allen Punkten gleich weit statt gefunden.

Der letzte Theil dieses Satzes folgt eigentlich unmittelbar aus dem ersten; denn wenn sich eine Ebene in einer einfachen Richtung über eine andere hinbewegt hat, so müssen dabei alle in ihr denkbaren Punkte gleich lange und unter sich parallele Linien beschrieben haben.

§. 18. Die Länge einer Linie, welche miſst, um wie viel zwei zusammen gehörige Theile in der Richtung der Kluft aus einander getreten, heiſst die Höhe des Sprunges.*) Betrachtet man nun die Kluft als eine einfache Ebene, so muſs diese Höhe auf allen Stellen dieselbe sein.

§. 19. Ist die Kluft nicht senkrecht, so ist die Sprunghöhe die Länge einer tonnlagigen Linie, und die, nach Maaſsgabe der Neigung der Kluft dieser zugehörige Seigerteufe, nennt man dann die Seigerhöhe des Sprunges.

*) Man nennt die Höhe eines Sprunges bisweilen auch dessen Mächtigkeit. Ein Ausdruck, der leicht zu Verwechselungen mit der Mächtigkeit der Sprungkluft führen könnte, und daher hier lieber ganz vermieden ist.

§. 20. Zur näheren Erläuterung des vorstehenden, denke man sich in dem Gebirge auf einer Schichtfläche oder in irgend einer andern beliebigen Richtung, eine grade horizontale Linie *abc* Fig. 1. gezogen; dann sei die Masse durch einen Sprung, dessen Kluft hier mit *AB* bezeichnet, in zwei Stücke getrennt, so werden aus jener Linie ebenfalls zwei Theile, von denen der eine *b'c'* tiefer liegt als der andere *ab*. Verbindet man nun deren einander zugekehrte Endpunkte durch eine grade Linie *bb'*, so liegt diese in der Ebene der Kluft, repräsentirt deren Falllinie, und ihre Länge ist die Sprunghöhe. Um wie viel aber das eine Stück der Linie senkrecht tiefer zu liegen gekommen, bestimmt die Seigerhöhe des Sprunges Fig. 1. *bd*.

Man kann sich nun eine Menge von Linien, die in zwei zerfallen, zugleich denken, und es wird die Länge der verbindenden Linien bei allen dieselbe sein; ihr Parallelismus aber ergiebt sich daraus, dafs alle mit der Falllinie der Kluft identisch sind. Aus der Gleichförmigkeit der Fortbewegung folgt nun von selbst, dafs die beiden correspondirenden Theile einer und derselben Linie eine völlig gleiche Lage im Raum behalten haben; dafs also durch den Sprung, bei vorausgesetzter Regelmäfsigkeit, keine Veränderung der Schichtenlage in dem einen oder andern Gebirgsstücke veranlafst wird.

§. 21. Es ist sodann die zweite noch wichtigere Frage aufzuwerfen: welches von den beiden Gebirgsstücken pflegt das höhere und welches das tiefere zu sein?

Es sind hierbei zuvörderst zwei Hauptfälle zu unterscheiden. Entweder steht die Sprungkluft ganz seiger, oder sie hat eine Neigung gegen den Horizont. Im erstern, jedoch sehr ungewöhnlichem, Fall verhält sich dieselbe gegen beide Gebirgsstücke völlig indifferent, und es kann eben so gut das eine wie das andere das tiefere sein.

Zeigt dagegen die Kluft eine Verflächung, so wird, mit wenigen Ausnahmen, das hangende Gebirgsstück in einer tieferen Lage gefunden. Doch auch die wenigen Ausnahmen von dieser Regel erscheinen wichtig genug, um aus den obgleich ziemlich seltenen Sprüngen, bei denen das Hangende höher liegt, als das Liegende, eine besondere Abtheilung zu bilden.

§. 22. Dem gewöhnlichsten Vorkommen lassen wir den Namen Sprung, welcher also hier in einem engeren, und zugleich in dem gebräuchlichsten Sinne des Wortes in Anwendung kommt.

§. 23. Da mit der höheren Lage des Hangenden, wie weiter unten gezeigt werden soll, gern ein Uebereinandergreifen von correspondirenden Flötztheilen verbunden ist: so nennt der Bergmann diesen Fall oft Ueberschiebung. Allein Theorie und Erfahrung lehren: dafs ein solches Uebereinandergreifen auch hierbei fehlen, so wie es anderseits bei einem gewöhnlichen Sprunge statt finden kann. Um einen kurzen und zugleich nicht mit genetischen Erklärungen vermischten Ausdruck zu haben, werden wir uns der Bezeichnung „Uebersprung" bedienen, worunter allezeit nur das Höherliegen des eine Kluft bedeckenden Gesteines gegen deren Unterlage, zu verstehen sein wird.

§. 24. Das Vorkommen einer völlig senkrechten Scheidung der beiden Gebirgsstücke, tritt eigentlich so selten auf, dafs dessen Betrachtung vielleicht den vorigen beiden Fällen unterzuordnen sein könnte. Doch läfst sich dabei von keinem Hangenden und Liegenden sprechen, und da gerade das ungleiche Verhalten in der Lage dieser Theile den einzigen charakteristischen Unterschied zwischen Sprung und Uebersprung ausmacht:

so dürfte es nöthig sein, die Erscheinungen, welche eine senkrechte Sprungkluft begleiten, für sich zu betrachten, wobei wir Kürze halber die Bezeichnung „Seigersprung" wählen.

§. 25. Demnach zerfallen alle möglichen Verschiebungen zweier Gebirgsstücke in 3 Abtheilungen, nehmlich in 1) Sprünge im engern Sinne, 2) Uebersprünge und 3) Seigersprünge.

Viertes Kapitel.

Von Verbindung zweier Sprünge.

§. 26. Bei dem Zusammenvorkommen zweier Sprünge sind einige Fälle zu unterscheiden, bei deren Betrachtung von den einfachsten auszugehen sein wird.

A. Ganz parallele Sprünge.

§. 27. Zwei Sprünge, deren Klüfte ganz parallel laufen, trennen eine Gebirgsmasse stets in 3 Stücke, von denen das mittlere vierseitig prismatisch. Ihre gegenseitige Lage kann aber zweierlei Art sein, nehmlich:

1) Zwei dieser Stücke haben unter sich eine gleiche Lage, und dann liegt das dritte gegen beide gleich viel verschieden. Wenn daher die Klüfte nicht seiger sind, so mufs das Verhalten des mittleren Stückes einerseits ein Sprung im engern Sinne, und anderseits ein Uebersprung von gleicher Höhe sein Fig. 2. und Fig. 3., wo $bb' = cc'$, und in ersterer liegt Mittelstück tiefer, in der anderen höher, als die beiden äufseren.

2) Alle 3 Theile liegen in verschiedener Höhe. Dies findet da statt, wo die Klüfte zwei Sprüngen oder auch zwei Uebersprüngen angehören, oder auch wo bei einer Combination von Sprung und Uebersprung deren Höhen ungleich sind. Fig. 4. stellt das Verhalten bei zwei Sprüngen (im engern Sinne) vor. Bei parallelen Seigersprüngen sind beide Fälle

möglich, nur müssen dieselben für den ersten Fall nicht nur gleiche Höhe haben, sondern es mufs auch das mittlere Stück das höchste oder tiefste sein. Man vergl. Fig. 5. 6. und 7.

B. Parallel streichende Sprünge.

§. 28. Wenn zwei geneigte Sprungklüfte einerlei Streichen aber verschiedenes Fallen haben, so können folgende Verhältnisse obwalten.

1) Wenn dieselben von einander abfallen, so finden wir, dafs von den 3 Gebirgsstücken das, nach der Teufe keilförmig zunehmende mittelste, bei 2 gewöhnlichen Sprüngen am höchsten, bei 2 Uebersprüngen dagegen am tiefsten liegt, Fig. 8. und 9. Bei einer Verbindung von Sprung und Uebersprung nimmt es eine mittlere Lage ein etc., Fig. 10.

2) Fallen die beiden Klüfte einander zu: so läuft das Mittelstück nach unten keilförmig zu, und liegt bei 2 Sprüngen am tiefsten, Fig. 11.; bei 2 Uebersprüngen dagegen am höchsten Fig. 12. u. s. w.

3) Endlich können zwei dergleichen Klüfte zwar auch nach einerlei Weltgegend einschiefsen, aber verschiedene Verflächung haben, wobei zwischen ihnen ein keilförmiges Stück gefunden wird, welches entweder erhoben, oder nach unten zu breiter werdend erscheint, und wenn beides Sprünge oder Uebersprünge sind, eine mittlere Lage behauptet, Fig 13 und 14. u. s. w.

C. Nebensprünge.

§. 29. Nebensprünge sind wohl diejenigen kleinen Sprünge zu nennen, deren Klüfte nicht selten die Hauptsprünge in geringer Entfernung begleiten, und sich im Einfallen oder Fortstreichen, oder auch in verschiedenen Zwischen-Richtungen mit diesen vereinigen, und an ihnen aufhören. Zwischen beiden Klüften liegen keilförmige Stücken von Gebirgsmasse. Ein solcher Nebensprung hat mit dem Hauptsprunge meist eine ziemlich gleiche Richtung des Einfallens, ungleich seltener ist dessen Verflächung entgegengesetzt, aber doch fast immer gegen die Kluft des gröfsern Sprunges hin. Man vergleiche Fig. 15., welche im querschlägigen Durchschnitt einen Hauptsprung *AB*, dann die Nebensprünge *aa* und *bb* mit gleicher, und den Nebensprung *cc* mit entgegengesetzter Fallrichtung anschaulich macht.

Diese Erscheinung kann man an manchen Punkten bis ins kleinste verfolgen. Es kommen Sprünge von nur $\frac{6}{8}$ bis 1 Lachter Höhe vor, welche doch noch kleinere von weniger als $\frac{1}{2}$ und sogar nur $\frac{1}{8}$ Lachter Höhe zeigen.

D. Zwei Sprünge mit sich schaarenden Klüften.

§. 30. Hierher gehören eigentlich auch die vorbezeichneten Nebensprünge, deren Kluft sich in der des Hauptsprunges endet. Allein da es mitunter vorkommt, dafs ein Sprung, dessen Kluft in derjenigen eines zweiten aufhört, sogar eine gröfsere Höhe haben kann, als dieser: so würde man den Namen Nebensprung zu weit ausdehnen, wenn man auch diese Vorkommnisse damit belegen wollte, und wir lassen ihn daher blofs jenen Fällen, wo nur kleinere Gebirgsstücke zwischen den Klüften liegen.

Wenn eine Sprungkluft in irgend einer Richtung mit einer andern zusammenkommt, und jenseits derselben nicht wieder getroffen wird: so finden wir:

1) zwischen beiden ein keilförmiges Gebirgsstück, dessen Endkante den Schnitt beider Sprung-Ebenen bezeichnet.

2) dafs dies Mittelstück sich gegen die beiden andern so verhält, wie es jeder Sprung für sich betrachtet, mit sich bringt; und

3) dafs über jene Schaarungslinie der Klüfte hinaus,

wo also die beiden äufsern Gebirgsstücke nur durch die eine fortsetzende Kluft geschieden werden, sich diese so gegen einander verhalten müssen, dafs dabei die Summe der Wirkung beider Sprünge bemerkbar wird.

Es seien z. B. im Profile Fig. 16. *AA* und *BB* zwei Sprungklüfte, welche bei gleichem Streichen auch nach derselben Weltgegend einschieben, und von denen die zweite bei *B* an der ersten aufhört: so liegt das Gebirgsstück II. gegen I. um die Höhe des Sprunges *BB*, III aber gegen II. um die Höhe von *AA* und gegen I. um die Höhe beider Sprünge tiefer. Gern sind die Streichlinien von den auf solche Art verbundenen Sprungklüften nicht allzuweit verschieden, auch die Richtung der Verflachung gewöhnlich ungefähr dieselbe; es dürfte aber auch leicht zu beurtheilen sein, was für Verhältnisse bei mehr entgegengesetzten Fällen zu beobachten sein können.

Häufig zieht sich die eine Kluft mit einer Biegung in die andere hinein, so dafs der Schaarungswinkel sehr spitz wird, und wenn alsdann die letztere Kluft jenseits der Schaarung eine mehr mittlere Richtung annimmt: so kann es zweifelhaft werden, welche von beiden Sprungklüften als die fortsetzende zu betrachten ist? Eigentlich mufs aber auch die Kluft hinter der Vereinigung, hierbei immer als beiden Sprüngen gemeinschaftlich angehörig angesehen werden.

Bei der unverkennbaren Neigung der Sprungklüfte, in einem und demselben Felde gern ein wenig verschiedenes Streichen zu zeigen, ist das Vorkommen, dafs sich je zwei benachbarte Sprünge auf vorstehende Art mit einander vereinigen, gar nicht selten.

E. Zwei Sprünge mit sich verwerfenden Klüften.

§. 31. Wegen der eben erwähnten Neigung der Sprungklüfte, sich bei einem Zusammenstofsen an einander anzuschliefsen, kann es nicht befremden, dafs das be i Gängen so häufige Durchsetzt- und Verworfensein, bei zwei Sprungklüften nur sehr sparsam und selten gan deutlich angetroffen wird. Da es aber schon ganz bestimmt beobachtet ist, so müssen hier wenigstens im Allgemeinen die dabei eintretenden Verhältnisse angedeutet werde

Entstand in einer Gebirgsmasse, die bereits durch einen Sprung in zwei Theile zerfallen ist, eine zweite Kluft, welche ebenfalls mit einer Verschiebung der durch sie getrennten Stücke verbunden war: so ging daraus folgendes hervor: 1) die jüngere Kluft setzt grade fort, dagegen findet man 2) die früher dagewesene in zwei Theile getrennt. Diese Theile haben einerlei Lage im Raum, d. h. einerlei Streichen und Fallen (nach §. 17.) und ihre Abschnittslinien liegen um die Höhe des jüngern Sprunges von einander entfernt *). 3) müssen hierbei stets 4 Gebirgsstücke vorhanden sein, welche alle in verschiedener Höhe gegen einander liegen.

Bei Sprüngen im engern Sinne, von denen, der einfacheren Uebersicht wegen, jetzt nur die Rede sein soll, ist dasjenige Gebirgsstück das höchste, welches von beiden Klüften das Liegende macht (m. s. in den Profilen Fig. 17, 18 und 19 — I). Gegen dieses liegen 2 Stücke II. und III., das eine um die Höhe des älteren, das andre um diejenige des jüngern Sprunges tiefer; jedes bildet von der einen Kluft einen Theil des Hangenden, und von der andern einen Theil des Liegenden. Das IVte Stück endlich liegt gegen jedes der beiden mittleren um eine Sprunghöhe, gegen das erste aber um die

) Umlästige Wiederholungen zu vermeiden, wird hierdie Art und Weise dieser Ver erfung nicht weiter erörtert. Sie verhält sich eben so wie der Verwurf eines Flötzes durch einen prung, welcher in der zweiten Abtheilung speciell betrachtet werden soll.

Höhe **beider** Sprünge tiefer; es befindet sich zugleich im Hangenden beider Klüfte.

Nimmt man an, das erste Stück sei fest geblieben, so müssen die beiden mittlern jedes einmal, und das vierte zweimal die Lage abwärts geändert haben.

Zwei der Gebirgsstücke zeigen immer eine keilförmige Gestalt, und zwar sind dies die mittleren, wenn beide Klüfte sich nach einer und derselben Weltgegend neigen (Fig. 17. und 19.), wogegen bei entgegengesetzter Verflächung das erste und vierte Stück keilförmig erscheinen (Fig. 18.).

Die Endkanten dieser Keile liegen bei zwei geneigten Sprungklüften von einerlei Streichen horizontal; bei zwei sich kreutzenden Seigersprüngen senkrecht; in allen andern Fällen aber in mannichfaltiger Neigung gegen den Horizont u. s. w.

§. 32. Ein weiterer Verfolg solcher Untersuchungen dürfte von keinem wesentlichen Nutzen sein, da man sich hierbei zu weit aus dem Gebiete dessen, was in der Natur wirklich vorkommt, entfernen würde.

Uebrigens sind auch die Verhältnisse bei Verbindung zweier und noch mehrerer Sprünge keineswegs so verwickelt, als es wohl im ersten Augenblick den Anschein hat. Man mag sich eine beliebige Anzahl verschobener Gebirgsstücke vorstellen, immer werden sich die Verhältnisse untereinander leicht entwirren lassen, wenn man berücksichtigt, dafs je zwei benachbarte Theile stets nur durch **eine** Sprungkluft geschieden sind, und dafs man daher, von einem derselben anfangend, alle nach einander durchgehen, also nie den Faden des Zusammenhanges aus dem Auge verlieren kann.

Fünftes Kapitel.

Das Vorkommen einer Mehrzahl von Sprüngen etc.

§. 33. So ausgemacht es auch ist, dafs es kein Steinkohlengebirge giebt, in welchem nicht Sprünge getroffen werden: so bleibt ihr Vorkommen doch immer eine lokale Erscheinung. Bald zeigen sie sich einzeln, mitten in sonst ungestört gelagerten Gebirgsparthien, bald drängt sich eine Unzahl derselben zusammen, um dann wieder auf lange Distanzen ganz zu fehlen, bald folgen mehrere kleinere auf einander, bald wechseln diese mit gröfseren, hunderte von Lachtern gleichförmig fortstreichenden ab, bald fallen mehrere hinter einander nach derselben Richtung ein, bald herrscht auch hierin ein häufiger Wechsel etc.

Vergebens scheint es, aus so mannigfaltigen und schwankenden Verhältnissen irgend ein Gesetz heraus zu finden, das ihnen zum Grunde gelegt werden könnte, oder nur eine Regel aufzustellen, die, wenn auch mit vielen Ausnahmen, doch wenigstens das Vorherrschende der Erscheinung einigermafsen feststellen mögte. Wir sind daher aufser Stande, hier denselben Weg zu verfolgen, den wir bei Betrachtung der einzelnen Sprünge einschlugen.

Dort liefsen sich aus einer Mehrzahl von Beobachtungen gewifse Grundsätze ableiten, die sich zum mindesten als auf die meisten Fälle anwendbar bewährten, und im Allgemeinen die räumlichen Verhältnisse untersuchen, welche statt finden müssen. Es konnte dabei ziemlich gleichgültig sein, ob sich ein solches Vorkommen nur isolirt oder in gröfserer Frequenz antreffen läfst, wenn nur die Regel dieselbe bleibt. Denn ist diese einmal gefunden: so sind aus ihr, sogar über die wirkliche Beobachtung hinaus, im Gebiete der Theorie Reihen von Möglichkeiten zu entwickeln.

Wo hingegen die Erfahrung noch nicht so weit vorgeschritten ist, daſs sie feste Regeln aufzustellen vermochte, da bleibt nichts übrig, als den Weg der Forschung noch weiter zu verfolgen, und es der Zukunft zu überlassen, ob aus einer gröſseren Anzahl von Beobachtungen endlich dergleichen Regeln abzuleiten sein werden? — Um hierzu für den vorliegenden Fall Beiträge zu liefern, werden wir aus aus dem Schlesisichen Steinkohlengebirge einige durch das Vorkommen ausgezeichnete Gegenden einer speciellen Betrachtung unterziehen.

Fast alle Sprünge sind jedoch nur dort der Beobachtung zugänglich, wo die Flötze durch den darauf betriebenen Bergbau aufgeschlossen liegen, und können gewöhnlich nur aus der Lage der durch sie getrennten Flötztheile beurtheilt werden.

Wie sie aus den Flötzzügen in die darüber und in die unterliegenden mächtigeren Gesteinsmittel fortsetzen, oder ob und was für noch andere und mehrere Sprünge in diesen vorhanden sein mögen? darüber fehlt es an Beobachtungen, und nur selten läſst sich hierbei aus dem Bekannten auf das Unbekannte mit einiger Sicherheit ein Schluſs ziehen.

Da nun auch die Lage der Sprungklüfte gegen die Gebirgsschichten von zu groſser Wichtigkeit ist, als daſs sie nicht gleich mit berücksichtigt werden müſste: so muſs die Beschreibung einiger Sprungfelder der folgenden Abtheilung vorbehalten bleiben; hier aber schlieſsen wir noch einige allgemeine Bemerkungen an, die wir einer weitern Prüfung durch Beobachtung anheim stellen.

§. 34. Sprünge im engern Sinne, welche ganz einzeln angetroffen werden, pflegen selten von unbeträchtlicher Höhe zu sein; es kommen sehr mächtige Sprünge isolirt vor.

§. 35. Wenn man zwei Sprünge für sich zusammen findet, so haben sie oft ein ziemlich gleiches Streichen, minder oft auch gleiche Neigungsrichtung, ihre Höhen sind meist nicht sehr bedeutend verschieden. Bei ungleichem Fallen ist es häufiger, dafs sie gegen einander hineinschiefsen, als umgekehrt.

§. 36. Bei ungleichem Streichen zweier Sprungklüfte pflegt doch der Winkel, wo sie zusammenstofsen, spitz zu sein, und gern schaaren sie sich so, dafs die vereinte Kluft weiterhin in einer mittleren Richtung fortstreicht. Das Fallen ist gemeiniglich eher nach derselben Richtung, als entgegengesetzt.

Ist hierbei aber der eine Sprung ansehnlich höher, als der andere, so setzt meistens die Kluft des ersteren über die Schaarungslinie hinaus gerade fort.

§. 37. Selten läfst es sich beobachten, dafs von zwei zusammen stofsenden Sprungklüften die eine (jüngere) die andere (ältere) verwirft. Kommt dies aber vor, so haben sie auch hierbei eine mehr gleiche Neigungsrichtung.

§. 38. Ein bedeutender Hauptsprung wird oft von kleinen Sprüngen begleitet, die zum Theil als Nebensprünge (§. 29.) anzusehen sind.

§. 39. Andere kleine Sprünge welche entweder allein vorkommen oder zwischen gröfseren liegen, scheinen sich bisweilen nach einer oder der andern Seite hin, manchmal vielleicht auch in beiden Richtungen allmählich in der Masse zu verlieren, ohne sich einem benachbarten Sprunge anzuschliefsen.

§. 40. Wo sich eine Mehrzahl von Sprungklüften vorfindet, scheint ebenfalls eine Neigung zu herrschen eine wenig verschiedene Lage des Streichens zu zeigen, wogegen die Fallrichtung mehr wechselt. Gern liegen aber einige nebeneinander, nach derselben Weltgegend einschiefsend.

§. 41. Die Entfernungen der Sprungklüfte von einander scheinen aber völlig regellos zu sein, und mit den

Sprunghöhen in keiner Art von Beziehung oder Verhältnifs zu stehen.

§. 42. Zwischen beträchtlichen Hauptsprüngen scheint auch bei gröfserer Entfernung von einander, ein Parallelismus im Streichen, weniger aber im Einfallen, obzuwalten.

§. 43. **Uebersprünge** (§. 23.) sind im Gange selten, und haben niemals beträchtliche Höhen, gewöhnlich nur von einigen Lachtern. Als Maximum sind vielleicht 12 bis 15 Lachter flache Sprunghöhe anzunehmen. Gern zeigen ihre Klüfte eine auffallend geringe Neigung, andre sind jedoch hierin von den Sprüngen im engern Sinne gar nicht verschieden.

Letzterenfalls sieht man sie auch mit den gewöhnlichen Sprüngen zusammen vorkommen.

Die Uebersprünge mit flacher Kluftlage pflegen sich aber mehr zu isoliren, oft mitten in aufserdem ganz unzerstückten Feldern.

Bisweilen scheint ihr Auftreten an gewisse locale Eigenthümlichkeiten der Flötz Ablagerung gebunden zu sein: so zeigen sie sich z. B. gern in der Nähe scharfer Mulden oder spitzer Sattel, und lassen vermuthen, dafs ihre Entstehung mit der Bildung dieser in einer gewissen Beziehung steht (§. 202.)

§. 44. Das Vorkommen der **Seigersprünge** (§. 24.) ist sehr untergeordnet und scheint mehr eine zufällige Abweichung von den gewöhnlichen Sprüngen zu sein. Man hat sie zeither immer nur mit unbeträchtlichen Höhen gefunden, und oft mag nur ihr Aufschlufs nicht vollständig genug gewesen sein, um sich zu überzeugen, dafs die seigere Stellung der Kluft vielleicht blos eine locale Abweichung von ihrer sonstigen Lage ist. Warum wir aber dennoch aus ihnen eine besondere Abtheilung gemacht, ist §. 23. angegeben.

§. 45. Wenn man in einem, durch eine Mehrzahl von Sprüngen zerrissenen Felde, eines der einzelnen Gebirgsstücke als in seiner ursprünglichen Lage geblieben ansieht: so kann man die Lage eines jeden anderen, gegen dieses leicht in folgender Art finden.

Man berechne zuerst die Seigerhöhe jedes einzelnen Sprunges (nach §. 19.) und gebe dieser, wenn der Sprung eine tiefere Lage gegen das als unverrückt angenommene Stück bewirkt, das Zeichen —, dagegen bei höherer Lage das Zeichen +. Verfolgt man nun die Sprünge bis zu dem Stück, dessen Lage man sucht, und stellt deren Höhen zusammen, so ergiebt sich leicht der Höhen Unterschied der beiden Stücke.

Hierdurch ist man im Stande, in manchen dergleichen Feldern recht interessante Verhältnisse warzunehmen, wovon die bei Hermsdorf belegenen Steinkohlen Gruben ein schönes Beispiel liefern. Ohne der weiter unten folgenden Beschreibung vorzugreifen, machen wir hier nur auf das, dem Grundrifs (Tab. VI.) beigefügte Profil aufmerksam, in welchem durch die Oberfläche des höchsten Stückes *A*, südwestlichen Sprunges *e* der neuen Heinrich Grube, eine horizontale Ebene gelegt, und an dieser die Wirkung aller Hauptsprünge durch die ganze Glückhilf Grube entlang gezeigt wird. Es ergiebt sich daraus, dafs gegen jenes höchste Stück, dasjenige *B* um 34 Lachter, weiterhin *C* um noch 31 Ltr. oder zusammen 65 Lachter seiger tiefer liegt. Gegen *C* liegt *D* wieder ohngefähr 20 Ltr. höher, dann aber gegen dieses, das aller nördlichste, jenseits Sprung *x*, um 32 Lachter also gegen das erste Stück um 77 Lachter senkrecht tiefer.

Unter der Voraussetzung dafs in dem nördlichen Endstücke zwischen den Flötzen der Glückhilf und Friedens Hoffnung Grube nicht noch Sprünge zwischen liegen (was aber wohl möglich) haben wir in dem zweiten Profil, nördlich *x* dieselbe Ebene angenommen, diese nun gegen Süden durch die Sprünge der letzt benannten und der Beste Grube verfolgt, und wurden überrascht das südlichste Stück vor dem (nicht näher bekannten) Sprunge *a*", gegen das nördlichste nicht nur nicht höher, sondern sogar um etwa 10 Lachter seiger tiefer zu finden.

Zwischen ihm und dem allerhöchsten Stücke bei *e* zeigt sich daher ein, bei der unbedeutenden Entfernung von nicht 400 Lachtern, höchst auffallender Unterschied von beinahe 90 Lachtern seigerer Höhe. Es müssen also dazwischen noch grofse Sprünge durchsetzen.

§. 46. Die Betrachtung so ansehnlicher Niveau Veränderungen führt sehr natürlich zu der Frage, ob sich dieselben nicht auch durch die Gestalt der Oberfläche einigermafsen bemerkbar machen; — und wir wenden uns zu ihrer Beantwortung wieder in das Hermsdorfer Grubenfeld.

Wirklich liegt hier das südliche Gebirgsstück der Neuen-Heinrich-Grube mit seiner Oberfläche sich an den Abhang des Blitzenberges (Prophyr) anschliefsend, am höchsten. Ein flacher Gebirgskamm trägt die sämmtlichen Schächte der besagten so wie der Glückhilf-Grube, und endigt sich in dem Thale von Hermsdorf, welches nördlich neben dem tiefen Glückhilf-Stollen und mit diesem parallel nach Osten läuft. Jenseits dieses Thales hebt sich das Terrain wieder ganz sanft empor. Wo hier die Flötze der Glückhilf-Gr. ausgehen, liegt seine Sohle ohngefähr 10 — 12 Lachter über dem Stollen, und von da bis zum äufsersten Aufschlufspunkte des grofsen Haupt-Sprunges kann die Oberfläche etwa noch 3 — 4 Ltr. ansteigen. Die Hängebank des Ferdinand Schachtes, nahe bei Sprung *e* liegt über dem besagten Stollen etwa 60 Lachter, also über der Oberfläche des nördlichsten Gebirgsstückes etwa 46 bis 47 Lachter.

Obwohl sich hiernach einiger Zusammenhang der Sprünge mit der Gestalt der Oberfläche zu bestätigen scheint: so braucht man sich doch nur nach dem hangenden Flötzzuge zu wenden, und grade das Gegentheil von dem zu finden. — Während das Ausgehende des Frauen-Flötzes in Hermsdorfer Thale sich etwa 8 Lachter über die Glückhilf Stollen Sohle erhebt, liegt das Ausbeissen des, damit identischen Friedricken-Flötzes am Südende der Besten-Grube gegen 34 Lachter über derselben; also ohngefähr 16 Lachter höher. Das südlichste Gebirgsstück hat aber nach §. 45. ein um nahe 10 Lachter tieferes Niveau; also zeigt sich hier die Oberfläche ansteigend, statt dafs sie abfallen sollte, um der Wirkung der Sprünge zu entsprechen. Zwischen den Flötzen der Glückhilf und denen der Besten Gruben zieht sich ein breites und flaches Thal gegen Norden nach Hermsdorf hin. Zwischen dem Gebirgsstück südlich Sprung *e* und dem südlichsten Stück der Besten Grube, haben wir oben (§. 45.) eine Niveau Veränderung von 87 Lachtern bewirkt gefunden. Der Unterschied ihrer Tagefläche beträgt aber kaum über 26 Lachter, also eine Differenz von 61 Lachtern.

Ganz dieselben Resultate ergeben sich bei ähnlichen Untersuchungen anderer Sprungfelder, indem man die Einsenkungen und Erhebungen der Oberfläche hie und da den Sprung-Verhältnifsen einigermafsen entsprechend, anderwärts aber wieder nichts dergleichen, oder gar das Gegentheil beobachten kann. Noch weniger finden sich einzelne Sprünge an der Oberfläche auf irgend eine Art bezeichnet. Bisweilen sieht man zwar eine Schlucht oder ein kleines Nebenthal ohngefähr in der Richtung einer Sprungkluft liegen; allein da dies nur sehr einzeln vorkommt, so mag es wohl mehr zufällig sein, denn selbst die gröfsten, auf Hunderte von Lachtern fortziehenden Hauptsprünge, lassen gewöhnlich gar nichts von Vertiefungen, noch weniger aber eine Spur von plötzlichen Absätzen etc. beobachten, und die auf das mannigfaltigste zerstückten Sprungfelder haben durchaus keine andere Oberflächen-Gestalt, als jedes andere Terrain unter dem die Flötze ohne alle Verwerfungen gelagert sind.

Wir glauben daher keinen Zusammenhang der Sprung Verhältnifse mit der jetzigen Oberfläche des Gebirges als Regel annehmen zu können.

Zweite Abtheilung.

Von der Lage der Flötztheile in den Gebirgsstücken.

§. 47. Um die jetzt anzustellenden Untersuchungen mit gehöriger Schärfe durchzuführen, sollen sowohl die Flötze als auch die Sprungklüfte als Ebenen angesehen werden. Dabei werden wir aus den ersteren immer nur eins hervorheben, um an diesem die Trennung und Verschiebung der Theile anschaulich zu machen. Man wird sich leicht vorstellen, wie eine jede andere, mit der ersten parallele Schicht, in ihrem Dach oder Sohle, bei vorausgesetztem Parallelismus, dieselbe Trennung und Verschiebung erlitten hat. Zunächst ist es aber nothwendig, die Sprungklüfte in gewisse Abtheilungen zu bringen.

Erstes Kapitel.

Eintheilung der Sprungklüfte nach ihrer Lage gegen die Gebirgsschichten.

§. 48. Eine Sprungkluft, deren Streichen mit demjenigen der Flötze parallel läuft, heifst eine streichende; eine andere, deren Streichlinie gegen die der Flötze um 6 Stunden des Kompasses verschieden, also mit der horizontalen Projection der Falllinie der Schichten gleichlaufend ist — eine querschlägige oder schwebende Kluft. Wenn dagegen eine Sprungkluft in irgend einer andern Richtung streicht, so belegt man sie mit den Namen einer spieseckigen oder diagonalen.

Da letztere hinsichtlich der Lage ihres Streichens an keinen bestimmten Winkel gebunden sind: so sind sie natürlich unter allen die häufigsten.

Diese Benennungen gelten eigentlich nur von den Sprungklüften, doch trägt man sie gemeiniglich auf die ganze Erscheinung über, und spricht von streichenden, querschlägigen und spieseckigen Sprüngen.

§. 49. Vorstehende Abtheilung bezieht sich ganz auf das Verhalten des Streichens der Sprungklüfte zu demjenigen der Flötze.

Das Verhalten der Einfallrichtungen derselben kann aber nur bei den streichenden und spieseckigen in Betracht kommen; denn bei den querschlägigen Sprüngen mufs das Fallen der Kluft stets um 6 Kompafsstunden von dem der Flötze abweichen. Wenn z. B. ein Flötz nach Norden einschiebt und durch einen querschlägigen Sprung verworfen wird: so kann dessen Kluft zwar entweder nach Osten oder nach Westen einfallen; allein ohne dafs dies einen andern, als blofs localen, Unterschied in der Sprung-Erscheinung begründen könnte.

§. 50. Bei einer streichenden Sprungkluft mufs, wenn sie nicht senkrecht ist, deren Einschiefsen entweder nach derselben Richtung gehen, wie dasjenige des Flötzes, oder grade entgegensetzt. Zwei Fälle, von denen der erstere etwas häufiger vorkommt, als der andere. Als passende Bezeichnung dürften dafür die Beinahmen recht- und widersinnig fallend *) zu

*) Statt widersinnig würde besser gesagt sein „gegenfallend", allein widersinnig ist ein schon längst in ähnlicher

gebrauchen sein. Das Mittel zwischen beiden, oder ihre Grenze finden wir in einer seigeren streichenden Sprungkluft.

Auch auf das Verhalten der **spieseckigen Klüfte**, hinsichtlich ihrer Einfall-Richtungen, lassen sich diese Benennungen ganz gut anwenden. **Rechtfallend** ist von solchen Klüften diejenige zu nennen, deren Einfallen bei einer bestimmten Streichlinie sich der Falllinie der Flötze in ihrer Richtung annähert, **widersinnig** aber, wenn die Fall-Richtung mehr entgegengesetzt ist.

Zur näheren Erläuterung sei im Grundrifs Fig. 20. *AB* das Streichen eines bei *A* abgeschnittenen Flötztheiles, dessen Einfallen nach Norden gehe. Dann ist die spieseckige Sprungkluft *aa* mit ihrer nordöstlichen Verflächung eine **rechtfallende**, wogegen die südöstlich sich neigende *bb* eine **widersinnige**. Das Mittel zwischen beiden macht die querschlägige *cc*.

Was das Vorkommen in der Natur betrifft, so ist zu bemerken, dafs die Mehrzahl der spieseckigen Sprungklüfte rechtfallend ist.

§. 51. Bei den mannigfaltigen Lagen der Sprungklüfte schneiden dieselben die Flötze in den verschiedensten Richtungen. Da nun die Lage der Linien, in welchen die Flötztheile an den Klüften absetzen, auf die Art und Weise der Verwerfung von dem wichtigsten Einflufs ist: so halten wir es für nothwendig, vor der speciellen Betrachtung der Lage der correspondirenden Flötztheile, erst einige Untersuchungen über das Verhal-

---

Art für das Verhalten des Fallens einer Lagerstätte gegen die Neigung der Tageoberfläche gebrauchter Ausdruck, der hier passend anzuwenden ist. Am bezeichnendsten und kürzesten wären die Ausdrücke **zu-** oder **abfallend**, wenn diese nicht schon in einem andern Sinne gebraucht würden (§. 245.).

ten dieser, so wie mehrer andrer Linien und Ebenen anzustellen.

Zweites Kapitel

Von den Schnittlinien der Flötztheile.

§. 52. Diejenige Linie, in welcher ein Flötztheil mit der Sprungkluft zusammenstöfst, nennen wir die Schnittlinie *) dieses Theiles. Der andere Flötztheil wird ebenfalls durch die Kluft begrenzt, so dafs also bei einem jeden Sprunge zwei solche Linie in Betracht kommen.

Da nun (nach §. 17.) die Entfernung derselben nach der Falllinie der Kluft an allen Stellen dieselbe ist, so mufs auch ihre wahre Entfernung überall gleich und die Linien müssen daher parallel sein.

Wenn demnach im Folgenden von der Lage der einen Schnittlinie die Rede sein wird: so gilt meistens von der andern ganz dasselbe; oder, wenn dies in mancher Beziehung nicht der Fall ist, so läfst sich immer leicht aus der Lage der einen diejenige der andern entnehmen.

Wegen leichterer Anschaulichkeit soll übrigens zunächst diejenige Schnittlinie ins Auge gefafst werden, die dem Flötztheil im Liegenden der Kluft angehört, und von der Kluft-Ebene derjenige Theil, welcher auf dem Kohlengebirge jenes Flötzstückes liegt.

A. Von der möglichen Lage einer Schnittlinie.

§. 53. Am besten werden sich hier die aufzustellenden Sätze übersehen lassen, wenn man sich bei den nicht streichenden Sprüngen die Lage der bei-

*) Der Ausdruck: Schnittlinie dürfte bezeichnender sein, als der sonst übliche „Kreutzlinie", weil gewöhnlich keine Kreutzung der Ebene statt findet. Am bezeichnendsten müfste man eigentlich Abschnittslinie sagen.

den Ebenen und die Linie, in welcher sie zusammenstoſsen, auf folgende Art vorstellt.

Es sey in den Figuren 21. *ADBK* eine horizontale Ebene, *ACK* die Ebene des Flötzes, und *BCK* die der Sprungkluft: so sind *AK* und *BK* die Durchschnitte derselben mit dem Horizont, also die Streichlinien; *CK* ist die Schnittlinie. Man mache nun diese 3 Linien von *K* aus, gleich lang, und lege durch ihre Endpunkte die Fläche einer Kugel, deren Centrum in *K*, so erhält man den sphärischen Triangel *ABC*. In diesem miſst die Seite *AB* den Winkel, den beide Streichlinien mit einander machen; *AC* den Winkel der Schnittlinie mit der Streichlinie des Flötzes, und *BC* denjenigen mit der Streichlinie der Kluft. Der Perpendikel *CD* bestimmt die Neigung der Schnittlinie gegen den Horizont. Von den Winkeln dieses Triangels ist der bei *A* der Fallwinkel des Flötzes und *B* derjenige der Kluft. Der dritte bei *C* miſst die Neigung der beiden Ebenen (Kluft und Flötztheil) gegeneinander. Wenn also in diesem Triangel 3 Stücke gegeben sind, so können die andern gefunden werden. Gewöhnlich kennt man die Seite *AB* und die Winkel bei *A* und bei *B* *).

a. Neigungswinkel einer Schnittlinie gegen den Horizont.

§. 54. Die Neigung einer Schnittlinie gegen den Horizont, welche in dem sphärischen Triangel *ABC* (Fig. 21.) der Perpendikel *CD* miſst, kann nie gröſser

*) Mehr Anschaulichkeit als die Figuren geben kleine Modelle von Pappdeckel, deren Anfertigungsart aus Schulz Montanus Handbuch der Land- und Erdmessung, 1. Band, 1819, Seite 93, zu entnehmen. Gut ist es aber statt des Perpendikels aus einem seidenen Faden, diesen auch in Gestalt eines Kreissectors aus Pappdeckel anzubringen.

als der Fallwinkel des Flötzes, und auch nie gröfser als derjenige der Kluft sein. Denn die Schnittlinie liegt zugleich in der Ebene des Flötzes und der Kluft, in deren jeder die Falllinie die gröfste Neigung hat.

§. 55. Es sind nun folgende Fälle möglich. Der in Rede stehende Winkel ist:

I. = Null; bei jeder streichenden Kluft, d. h. die Schnittlinie ist horizontal.

II. = dem Fallwinkel des Flötzes, welches zu finden:

a) bei jedem querschlägigen seigern Sprunge, und

b) bei einem spieseckigen recht fallenden Sprunge, wenn nehmlich, unter einem gewifsen Verhältnifs der Tonnlagen, der Bogen *AC* ein Quadrant ist.

III. = dem Fallwinkel der Kluft, welches nur möglich ist:

a) bei seigerem Flötz und querschlägiger Kluft, und

b) bei einer spieseckigen recht fallenden Kluft, wenn *CB* ein Quadrant ist (§. 63. Fig. 21. *e*).

IV. = beiden, nur denkbar bei seigerm Flötz und seigerer Kluft. *DC* wird Quadrant eben so die Seiten *AC* und *CB*.

V. Spitzer als beide; bei jedem andern Verhalten, und zwar ist dies natürlich das gewöhnlichste.

b. Winkel mit der Streichlinie des liegenden Flötztheils (*AC*).

§. 56. Diesen findet man:

I. Ganz fehlend (wenn *AC* = 2 R.) bei jedem streichenden Sprunge, d. h. die Schnittlinie ist mit der Streichlinie des Flötzes gleichlaufend.

II. = einem Rechten (*AC* = *R*)

a) wenn Flötz und Kluft beide seiger sind,

b) bei einem seigern querschlägigen Sprunge, und

c) bei einer spieseckigen rechtfallenden Kluft, mit

einem bestimmten Verhältnifs der Tonnlage gegen diejenige des Flötzes.

III. Schief, in jedem andern Falle, wo der Bogen AC kein Quadrant sein kann.

Es liefsen sich auch wohl hier, wie im folgenden geschehen, spitze und stumpfe Winkel unterscheiden, je nach dem die Seite AC kleiner oder gröfser als ein Quadrant ist. Doch sind, wie der Verfolg lehren wird, so wohl diese Winkel, als auch die Neigungswinkel gegen den Horizont von geringer Wichtigkeit. Dagegen verdient eine genaue Untersuchung:

c. Der Winkel mit der Streichlinie der Kluft BC.

§. 57. Wegen der Wichtigkeit dieses Winkels, erlauben wir uns denselben durch einen besondern Namen auszuzeichnen, und wählen dazu, in Ermangelung eines besseren, den Ausdruck: „Sprungwinkel". Es wird darunter immer der Winkel der Schnittlinie mit der Streichlinie der Kluft, in der Sohle des abgeschnittenen Flötztheils zu verstehen sein.

Derselbe kann:

§. 58. I. Ganz fehlen, wenn $BC = 2R$. also: bei jeder streichenden Kluft, indem hier die Schnittlinie mit deren Streichlinie gleichlaufend ist.

§. 59. II. Spitz. ($BC < 1R$.) Dies findet man (Fig. 21. a.b.c.)

a) bei jedem querschlägigen Sprunge, wo weder Flötz noch Kluft seiger steht.

b) bei spieseckiger Kluft:

α) bei jeder dergleichen seigeren, wenn nur das Flötz nicht auch seiger ist.

β) bei jeder dergleichen widersinnigen,

γ) bei einer rechtfallenden, wenn sie nicht um so viel weniger Neigung zeigt als das Flötz, dafs der Winkel stumpf (III.) oder zu einem Rechten (IV.) werden kann.

§. 60. Dieser Winkel erscheint um so mehr spitz.

1) Je mehr sich die Streichlinie der Kluft derjenigen des Flötzes annähert, nehmlich je mehr *AB* (Fig. 21.) entweder einerseits kleiner als 1 *R.* wird, oder anderseits sich dem Halbkreise nähert.

2) Je schwächer die Tonnlage des Flötzes. Denn wenn in dem Triangel *ABC*, der Winkel *A* kleiner wird, so mufs auch die ihr gegenüber liegende Seite *BC* kleiner werden.

3) Je steiler die Kluft einschiefst. Dies gilt ohne alle Einschränkuug nur für querschlägige und spieseckige rechtfallende Klüfte, (Fig. 21. *a* u. *b.*) bei denen immer *B. C.* um so kleiner erscheinen mufs je gröfser der Winkel bei *B*, und also am kleinsten wenn die Kluft zur senkrechten wird.

Bei einer widersinnigen spieseckigen Kluft kann aber die Lage der Ebene so sein, dafs der Winkel des Triangels bei *C* ein Rechter ist, und dies ist dann das Minimum für die Gröfse des Bogens *B. C.* Denkt man sich nun hiervon ausgehend, die Kluft steiler werdend, so mufs, bis sie den seigern Stand erreicht, *B. C.* wieder zunehmen.

III. Stumpf. (*B. C.* > 1 *R.*).

§. 61. Dieser Fall ist nur bei einer spieseckigen rechtfallenden Kluft möglich und zwar mufs deren Neigung, nach Maasgabe des Winkels der Streichlinien, mehr oder weniger flacher als die Tonnlage des Flötzes sein. — Zu mehrerer Anschaulichkeit denke man sich vor einer dergleichen Kluft stehend (Fig. 22. *abdf.*) durch welche der Flötztheil *A* abgeschnitten wird, und auf dieser die Fallinie *CE* gezogen, so wird hier die Schnittlinie *C. K.* sich von der Linken zur Rechten von der Falllinie *CE* abwärts entfernen, statt dafs es im vorigen II. Fall von der Rechten zur Linken geschieht, indem sie sich dort von dieser in der Richtung entfernt, nach welcher das Flötz einschiebt (dessen Dach liegt) Fig. 21. *abc.*

§. 62. Der Winkel wird aber um so stumpfer:

1) Je steiler das Flötz einfällt, und ist am stumpfsten, wenn dasselbe eine seigere Lage annimmt. (Man vergl. Fig. 21. *d*).

2) Je geringer die Tonnlage der Kluft ist, denn *B. C.* nähert sich dadurch der Gröſse des Bogens *AB*. Fig. 21.

3) Je gröſser der Winkel der Streichlinien *AB*. Denn bei einer querschlägigen Kluft (wo *AB* = 1 *R*) kann *BC* nicht gröſser als ein Quadrat sein, wogegen *BC* um so gröſser werden muſs, je mehr sich *AB* dem Halbkreise nähert.

Das Mittel zwischen dem II. und III. Fall macht, der IV. Fall:

§. 63. Wo der Sprung Winkel gleich einem Rechten (*BC* = 1 *R*) ist. Dieses kann nun stattfinden:

a) bei seigerem Flötz und jeder seigeren Kluft.

b) bei einem seigeren Flötz und jeder querschlägigen Kluft.

c) bei geneigtem Flötz aber nur, wenn die Kluft spiesseckig, rechtfallend, und dabei deren Tonnlage in einem gewiſsen Verhältniſs geringer als die des Flötzes ist. (Fig. 21. *e*).

Es läſst sich nehmlich bei einer jeden für die Lage eines Flötzes gegebenen Streichlinie, ein solches Fallen desselben denken, daſs dessen Ebenen diejenigen der Kluft in deren Falllinie schneidet, und bei gegebener Tonnlage wieder ein solches Streichen, daſs dasselbe statt finden muſs. Ebenso läſst sich die zum vorliegenden Falle erforderliche Lage der Kluft finden, wenn diejenige des Flötzes gegeben ist. Wir überzeugen uns daher, daſs ein solches Verhalten, unter verschiedener Lage der Ebenen stattfinden kann, nur daſs dieselben immer in einem, sich gegenseitig bedingenden, Verhältnifs stehen müssen.

d. **Der Winkel der Schnittlinie mit der Falllinie des Flötzes oder der Kluft.**

§. 64. Dieser ist, wenn derjenige gegen die Streichlinie des Flötzes oder der Kluft bekannt ist, leicht zu finden, nehmlich

1) Erscheint letzterer spitz, so ist jener dessen Complement Fig. 21. *abc*.

2) wenn er aber stumpf ist, so erhält man ersteren, indem man 90 Grad abzieht. Fig. 21. *d*.

3) Macht die Schnittlinie mit der Streichlinie rechte Winkel: so fällt dieselbe in die Fallinie des Flötzes oder der Kluft Fig. 21. *e*.

B. Von der Lage beider Schnittlinien gegeneinander.

§. 65. Um vorerst die Lage der zweiten Schnittlinie bei nicht streichenden Sprüngen anschaulich zu machen, bilden wir in Fig. 23. einen sphärischen Triangel *abc*, und stellen denselben neben den §. 53. construirten und mit ABC bezeichneten. Es sei nun die Lage der Kluft und der beiden Flötztheile ganz gleich, so ist der Winkel $a = A$, $b = 180 - B$, $c = 180 - C$, ferner von den Seiten $bc = BC$, $ac = 180 - AB$ und $ab = 180 - AB$, endlich $cd = CD$. Das wichtigste ist, dafs die Lage der Schnittlinie ck gegen die Streichlinie der Kluft genau dieselbe, wie die von CK, dafs also die Sprungwinkel (§. 57.) bei beiden correspondirenden Ftötztheilen gleich sein müssen, und wir können daher bei dem jetzt folgenden Vortrage der wiederholten Construktion oder Anführung des zweiten Triangels *) füglich entbehren.

---

*) Man könnte diesen Triangel den Gegentriangel nennen.

Hinsichtlich der Lage der beiden Schnittlinien gegen einander, sind nun 2 Hauptfälle zu unterscheiden.

§. 66. I. Fall. Die Schnittlinie des einen Flötztheiles liegt ganz auf oder an derjenigen des andern; es berühren sich die beiden Flötztheile, so dafs der eine als die Fortsetzung des andern erscheint *). Die Kluft durchkreuzet das Flötz.

Die Bedingung zu diesem Verhalten ist, dafs die Schnittlinie mit der Streichlinie der Kluft rechte Winkel mache (§. 63.), also mit deren Falllinie coincidire (§. 64.).

§. 67. Die Durchkreutzung kann sein:

a) rechtwinklig. Bei seigerm Flötz und jeder querschlägigen Kluft, sie mag tonnlagig oder seiger sein.

b) schiefwinklig.

α) bei seigerem Flötz und spieseckiger, ebenfalls seigerer Kluft.

β) bei geneigtem Flötz, vermöge einer spieseckigen, recht und im bestimmten Verhältnifs schwächer als das Flötz fallenden, Kluft. (§. 63.)

§. 68. II. Fall. Die Schnittlinien der Flötztheile (also auch diese) liegen von einfernt. Wenn die Schnittlinien nicht, wie im vorigen Falle, in der Falllinie der Kluft lagen, so mufsten dieselben bei der Fortbewegung des einen Gebirgsstückes auf oder von dem andern, nach der Richtung der Falllinie der Kluft, nothwendig auseinander treten. Zu betrachten sind nun die Gröfsen und Verhältnisse ihrer Entfernungen in vier Richtungen, nehmlich:

1) Nach dem Einfallen der Kluft — die Sprunghöhe.

---

*) Indem hier Kluft und Flötz als Ebenen betrachtet werden. In der Natur müssen die Theile des Flötzes immer wenigstens durch den Inhalt der Sprungkluft, also um deren Mächtigkeit von einander getrennt liegen.

2) Nach der Streichlinie der Kluft — ihre **horizontale Entfernung**, welche von grofser technischen Wichtigkeit.

3) Nach einer Linie, perpendikulär auf beiden Schnittlinien — deren **wahre Entfernung** und

4) die **senkrechte Entfernung**.

Es sind nun wieder bei Betrachtung dieser Linien zwei Haupt-Abtheilungen zu machen, nehmlich ihr Verhalten bei streichenden Sprüngen, welches sehr einfach, und dann bei allen nicht streichenden Sprüngen, welches etwas complicirter ist.

a. Verhältnifs der Entfernungen bei streichenden Sprüngen.

§. 69. 1) Bei einer streichenden Sprungkluft kann von **keiner horizontalen Entfernung der Schnittlinien** in dem obigen Sinne die Rede sein, da dieselben niemals durch eine söhlige Linie zu verbinden sind. Im gewöhnlichen geometrischen Sinne wäre sie, wenn man Fig. 24. die Sprunghöhe *ab* als Radius betrachtet, der Cosinus für den Fallwinkel der Kluft = *be*.

§. 70. 2) Die Sprunghöhe ist hier zugleich die **wahre Entfernung der Schnittlinien**, und

§. 71. 3) Die **senkrechte Entfernung** ist stets, wenn die Sprunghöhe = Radius, der Sinus für den Neigungswinkel der Kluft (die Seigerteufe der flachen Länge der Sprunghöhe) Fig. 24. *ae*.

b. Verhalten der horizontalen Entfernung bei nicht streichenden Sprüngen.

§. 72. Es stelle Fig. 25. einen Theil der Ebene einer querschlägigen oder spieseckigen Sprungkluft flach vor, die parallelen Linien *KC* und *kc* die Schnittlinien, und α sey der spitze Winkel, den eine jede mit der Streichlinie der Kluft *KB* macht (der Sprungwinkel *BC* Fig. 21. *abc*). Dann ist *Kk* die **horizontale** und *kc* die wahre Entfernung der Schnittlinien. Betrachtet man nun die, in der Falllinie der Kluft, also rechtwinklich gegen *Kk* liegende Sprunghöhe *Ck* als Radius, so ist $Kk =$ cotang. α und $ko =$ cosinus α.

Ueber die horizontale Entfernung der Schnittlinien sind nun folgende 4 Sätze aufzustellen.

§. 73. *Erster Satz.* Bei gleicher Lage des Flötzes und der Kluft wird die horizontale Entfernung der Schnittlinie um so bedeutender sein, je gröfser die Sprunghöhe, und desto kleiner je geringer diese.

Dies erhellet von selbst aus dem oben gesagten, und aus Fig. 25.

§. 74. *Zweiter Satz.* Bei gleicher Sprunghöhe und einerlei Lage der Kluft ist die horizontale Entfernung der Schnittlinie um so gröfser, je schwächer die Neigung des Flötzes, und um so geringer, je stärker dieselbe.

Denn die Schnittlinien machen (nach §. 60.) mit der Streichlinie der Kluft desto kleinere Winkel, je schwächer die Neigung des Flötzes. Je kleiner aber der Winkel α Fig. 25., desto gröfser mufs bei constantem Radius (Sprunghöhe) dessen Cotangente (*Kk*) sein, und umgekehrt (man vergl. Fig. 26.).

§. 75. *Dritter Satz.* Bei gleicher Sprunghöhe und einerlei Lage des Flötzes ist die horizontale Entfernung der Schnittlinie um so gröfser, je steiler, und um so kleiner, je schwächer der Kluft Tonnlage.

Denn die Schnittlinien machen gewöhnlich mit der Streichlinie der Kluft desto spitzere Winkel, je steiler diese fällt; der Satz ist daher wie der vorige zu beweisen. Aber nach §. 60. 3. kann derselbe bei einer spiesseckigen, widersinnigen Kluft eine wahre Ausnahme erleiden; hierbei gilt er nur so lange, bis bei dem Steilerwerden der Kluft der Winkel der Ebenen in *C* (Fig. 21. *c*) aus einem stumpfen zu einem rechten wird. Darüber hinaus wird bei noch stärkerer Tonnlage der Kluft der Sprungwinkel ∝ (= *BC* Fig. 21.) wieder gröſser, also die horizontale Entfernung der Schnittlinie kleiner.

§. 76. *Vierter Satz.* Bei gleicher Sprunghöhe und einerlei Neigung des Flötzes und der Kluft, ist die horizontale Entfernung der Schnittlinien um so bedeutender, je schiefer der Winkel, den die Streichlinien beider mit einander machen.

Denn dadurch, daſs die Streichlinie der Kluft sich derjenigen des Flötzes annähert, wird der Winkel der Schnittlinie mit ersterer kleiner (§. 60. 1.), woraus folgt, daſs dieser Satz eben so zu beweisen ist, wie der zweite und dritte. — Wenn die Kluft nicht etwa schwächer als das Flötz fällt: so ist, wenn ihr Streichen querschlägig, die horizontale Entfernung die geringste; dagegen wächst dieselbe, je schiefer der Winkel der Streichlinien wird, und erscheint bei einer streichenden Kluft unendlich.

---

§. 77. Die letzten drei Sätze erleiden aber da eine Modification, wo bei einem spieseckigen, recht- und schwächer als das Flötz fallendem Sprunge, beim Wachsen des Sprungwinkels ∝, derselbe zu einem rechten, und dann die horizontale Entfernung gleich Null werden kann (§. 66.). Ein dergleichen Verhalten bildet bei einer solchen Kluft gleichsam die Grenze für das in jenen Sätzen aufgestellte, denn darüber hinaus, wo ∝ stumpf wird (§. 61. und 62.), findet stets das umgekehrte statt; im zweiten Satze muſs bei noch mehr zunehmender Neigung des Flötzes die horizontale Entfernung der Schnittlinien wieder bedeutender ausfallen; eben so im 3ten Satze bei noch geringerer Neigung der Kluft, und im 4ten Satze, je mehr sich der Winkel der Streichlinien dem Halbkreise nähert. Man vergl. §. 62. Fig. 21. *e*. 22. 25. und 27.

§. 78. Da hier die horizontale Entfernung nach der entgegengesetzten Richtung hin liegt, so könnte man dieselbe sehr passend als verneinte Cotangente des stumpfen Winkels x' (Fig. 27.) ansehen, so dafs dann dieses Stumpfwerden von x keine eigentliche Ausnahme von den obigen Sätzen bildet, denn das negative mufs kleiner als Null betrachtet werden.

§. 79. Der bergmännischen technischen Wichtigkeit wegen dürfte hier noch anzuführen sein, dafs, wenn der Winkel $x = \frac{1}{2}R$, die horizontale Entfernung der Schnittlinien = der Sprunghöhe. Ist aber $x < \frac{1}{2}R$, so ist die horizontale Entfernung gröfser, und umgekehrt wenn $x > \frac{1}{2}R$, kürzer als die Sprunghöhe. Ist endlich $x = R$, so ist die horizontale Entfernung = Null, darüber hinaus, wenn x stumpf, liegt dieselbe nach der entgegesetzten Richtung hin, und wächst, bis sie, wenn $x = 1\frac{1}{2}R$ (135°), wieder der Sprunghöhe gleich, dann aber wieder gröfser als diese, und zuletzt, wenn $x = 2R$ unendlich wird.

§. 80. Gewöhnlich nennt man das Auseinandergetretensein der Theile eines Flötzes bei einem nicht streichenden Sprunge die Seiten-Verschiebung. Ein Ausdruck, bei welchem leicht an die Bewegung des einen oder andern Stückes nach einer Seitenrichtung gedacht werden kann, was aber keineswegs der Fall ist, denn diese Erscheinung ist nur das Seitwärtsliegen eines Flötztheiles in einem und demselben Niveau, und hat ihren Grund lediglich in der schiefen Lage der Schnittlinien gegen die Falllinie der Kluft; diese aber beruht wieder, wie wir gezeigt haben, auf der Tonnlage des

Flötzes, oder auf der Verflächung der Kluft, oder in beiden zugleich.

§. 82. Was die wahre Entfernung der Schnittlinien betrifft, so ist darüber nur anzuführen, dafs dieselbe zunimmt, wenn die horizontale Entfernung gröfser wird, und umgekehrt. In welchem Verhältnifs, ist oben (§. 72.) angegeben. In Bezug auf §. 77. und §. 78. mufs bemerkt werden, dafs, wenn die Cotangente verneint ist, auch der Cosinus desselben stumpfen Winkels negativ sein mufs, also gleichfalls nach der entgegengesetzten Seite hin liegt Fig. 27. *ko'*.

§. 82. Die senkrechte Entfernung der Schnittlinien richtet sich, wie bei streichenden Sprungklüften, auch hier stets unmittelbar nach der flachen Sprunghöhe, und diese constant angenommen, ist jene um so gröfser, je steiler, und desto kürzer, je schwächer das Fallen der Kluft ist. Es ist die bereits §. 19. erwähnte Seigerhöhe eines Sprunges.

Drittes Kapitel.

Von der Deckung zusammengehöriger Flötztheile.

§. 83. Unter Deckung wird hier das theilweise Uebereinandergreifen von zwei zusammengehörigen Stücken eines Flötzes verstanden, und zwar sind zweierlei Arten derselben zu unterscheiden, je nachdem man das Uebergreifen nach einer senkrechten, oder nach einer gegen die Flötzlage perpendikulären Richtung betrachtet.

A. Deckung nach dem Loth.

§. 84. Man lege durch jede der Schnittlinien zweier zusammengehöriger Flötztheile eine lothrechte Ebene, so werden diese Ebenen, vermöge des Parallelismus der Schnittlinien, ebenfalls mit einander parallel sein müssen, Fig. 28. und 29.

§. 85. Es sind nun zweierlei Fälle denkbar, bei denen ihre Entfernung = Null, d. h. wo sie ganz an oder in einander liegen, nehmlich

1) wenn die Schnittlinien nicht auseinander traten (§. 66.) und
2) wenn die Kluft eine seigere Stellung hat.

§. 86. Bei jedem andern Verhalten finden wir sie von einander mehr oder weniger entfernt.

§. 87. Bei allen streichenden Sprüngen ist die Entfernung der beiden Ebenen, wenn man die Sprunghöhe ab Fig. 28. und 29., als Radius betrachtet, = dem Cosinus für den Fallwinkel der Kluft = be. Sie mufs also bei einerlei Sprunghöhe um so bedeutender sein, je geringer die Neigung der Kluft, und umgekehrt.

§. 88. Bei nicht streichenden Sprüngen ist die in Rede stehende Entfernung am einfachsten aus der Gröfse der horizontalen Entfernung der Schnittlinien abzuleiten, und zwar in folgender Weise: In dem sphärischen Triangel ABC Fig. 23. läfst sich, da von ihm AB, A und B bekannt, die Gröfse des Bogens BD finden, welcher den Winkel der Streichlinie der Kluft CK mit der Grundlinie KD der einen seigern Ebene CDK mifst. Ist bereits BC bekannt, so findet man BD noch leichter aus dem rechtwinkligen Triangel BCD, in welchem aufser BC und dem rechten $\angle$ bei D, auch B bekannt. Es sei nun $BD = z$, und die horizontale Entfernung der Schnittlinien Kk = Radius, so ist die gesuchte wahre Entfernung der beiden seigern durch die Schnittlinien CK und ck gelegten Ebenen kl = sinus z.

§. 89. Ueber den Einflufs, den eine verschiedene Lage vom Flötz oder von der Kluft auf diesen Abstand der Ebenen ausübt, lassen sich allenfalls auch die oben (§. 73. u. f.) über die horizontale Entfernung der Schnittlinien aufgestellten Sätze anwenden, jedoch mit der Einschränkung, dafs aufser dem dortigen Nullpunkt beim Ineinanderfallen der Schnittlinien, hier noch ein zweiter Nullpunkt zu berücksichtigen ist, wenn nehmlich die Kluft seiger wird.

§. 90. Das Verhalten dieser Ebenen gegen die beiden Flötztheile kann bei verschiedenen Sprüngen dreierlei Art sein:

I. Es berührt jede dieser Ebenen beide Flötztheile, wenn nehmlich ihre Entfernung = Null (§. 85.).

II. Beide schliefsen einen Raum ein, in welchem nichts von dem Flötze vorhanden ist. Fig. 28.

III. Es schneidet eine jede derselben den anderen Flötztheil (Fig. 29.), und sie begrenzen daher einen Raum, in welchem das Flötz gleichsam doppelt getroffen wird. Dies nennt man: die Deckung nach dem Loth.

§. 91. Da nur bei geneigtem Flötz und einer Kluft mit Tonnlage eine solche Deckung möglich ist: so kann man die nothwendige Bedingung zu ihrem Stattfinden auf folgende Art ausdrücken:

Es mufs die Sohle des Flötztheiles im Hangenden der Sprungkluft mehr oder weniger vor dem Dache des anderen liegen.

B. Deckung nach dem Perpendikel.

§. 92. Wenn hier, und im weitern Vortrage, von dem Winkel der Flötztheile mit der Sprungkluft die Rede sein wird: so soll von letzterer immer nur der Theil verstanden werden, welcher zwischen den beiden Schnittlinien liegt. Dafs übrigens diese Winkel bei beiden Flötztheilen gleich sein müssen, folgt daraus, dafs dieselben Wechselwinkel sind (Fig. 28. etc.).

§. 93. Bei streichenden Sprüngen sind sie am leichtesten zu finden, denn sie ergeben sich unmittelbar aus der Neigung des Flötzes und der Kluft. Es sei A der Fallwinkel des Flötzes, und B derjenige der Kluft, so machen beide Ebenen einen Winkel C und es ist

in Fig. 28. $C = 2R - (A + B)$.
- Fig. 29. $C = A + B$.
- Fig. 30. $C = 2R + A - B$.
- Fig. 31. $C = A - B$.
- Fig. 32. $C = 2R - A + B$.
- Fig. 33. $C = B - A$.

§. 94. Bei nicht streichenden Sprüngen ist in dem §. 53. construirten sphärischen Triangel ABC (Fig. 21. *abcde*) der Winkel bei C der hierher gehörige, doch nur dann, wenn die Schnittlinie des andern, im Hangenden befindlichen Flötztheils, auf der Sohle dessen liegt, den die Ebene ACK vorstellt; im entgegengesetzten Falle ist es dessen Supplement $(2R - C)$.

§. 95. Der Winkel kann nur entweder ein rechter, stumpfer oder spitzer sein.

I. Bei einem Rechten ist die Kluft gegen beide Flötztheile perpendikulair.

II. Wenn derselbe stumpf ist, kann eine durch die Schnittlinie des einen Flötztheiles, und gegen diesen perpendiculair gelegte Ebene, den anderen Flötztheil nicht schneiden (Fig. 30 und 32.)

III. Ist dagegen der Winkel spitz, so tritt der Fall ein, daſs eine dergleichen Ebene den andern Flötztheil treffen, und davon ein gröſseres oder kleineres Stück abschneiden muſs. Legt man nun auch durch die Schnittlinie des letzteren eine solche Ebene, so liegt zwischen beiden Ebenen das Flötz doppelt. — (Fig. 21 und 33, dies Verhalten bei 2 streichenden Sprüngen im Querschnitt vorstellend.) Man nennt dies die Deckung nach dem Perpendikel. Eine zweite, von derjenigen nach dem Loth scharf zu trennende Art von

Deckung, denn es kann eine jede ohne die andere statt finden.

§. 96. Es ist mitunter von bergmännischem Interesse zu wissen, wie weit die beiden Perpendiculär Ebenen von einander liegen?

Bei streichenden Sprüngen findet man dies sehr leicht, denn wenn man die Sprunghöhe als Radius betrachtet, so ist der Abstand dieser Ebene = Cosinus für den Winkel zwischen Kluft und Flötz. Fig. 31. sei ab = Rad. so ist bd = cos. C = cos. ($A - B$) etc. (Man vergleiche §. 93.)

Dagegen ist bei nicht streichenden Sprüngen die Rechnung etwas complicirt.

In dem (ebenfalls nach §. 53. construirten sphärischen Triangel ABC Fig. 34. seien AB, A und B bekannt, auch AC bereits gefunden. Nun fälle man aus C, rechtwinklich gegen AC, den Bogen CE, und berechne in dem bei C rechtwinkligen Triangel ACE aus AC und A den Winkel $AEC = v$ so ist dies der Neigungswinkel einer durch die Schnittlinie des liegenden Flötztheils gegen denselben perpendiculair gelegten Ebene gegen den Horizont. Ferner berechne man auch AE, so ist $BE = AB - AE$, oder wenn CE aufserhalb AB fällt (nehmlich wenn $AE > AB$) $BE = AE - AB$. Dieser Winkel heifse w.

Die horizontale Entfernung der Schnittlinien KC und kc nach der Streichlinie der Kluft, also auch die Perpendiculair-Ebenen nach derselben Richtung, Kk sei = Radius, so ist die nächste horizontale Entfernung der letzteren km = sin. w. Um nun mn Fig: 35. in welcher die Perpendiculär-Ebenen als die Linien kp und mq profilarisch gegen einander gestellt, zu finden, setze man km = Radius so ist mn = sin. v, welches die gesuchte wahre Entfernung jener Ebenen ist.

Viertes Kapitel.

Von den Sprüngen im engern Sinne.

§. 97. **Sprung** heifst hier (nach §. 22.) das **Tieferliegen des Flötztheiles im Hangenden, gegen denjenigen im Liegenden der Kluft.***) Es könnte zwar viel einfacher erscheinen, alle diese Sprünge nach Lage der Schnittlinien, nach der stattfindenden oder fehlenden Deckung etc. abzutheilen; allein wir ziehen es vor, die Haupt-Abtheilungen nach der Lage der Kluft gegen das Flötz zu machen, und dies aus dem natürlichen Grunde, weil die Lage der Kluft das erste ist, was dem Bergmann beim Anhiebe des Sprunges vor Ort in die Augen fällt.

I. Streichende Sprünge.

§. 98. Unstreitig sind die streichenden Sprünge die einfachsten. Die Schnittlinien der beiden Flötztheile liegen söhlig, und ihre wahre Entfernung ist mit der der Sprunghöhe identisch, die Tonnlage des Flötzes oder der Kluft mag sein, welche sie wolle.

Eine streichende Sprungkluft erscheint nun entweder **recht** oder **widersinnig fallend.** Das Mittel zwischen beiden macht die senkrechte streichende Kluft, welche nicht hierher gehört.

A. Rechtfallende streichende Sprünge.

§. 99. *a.* **Mit stärkerer Tonnlage der Kluft als die des Flötzes.** (Fig. 43. im Querprofil) Hierbei ist zu bemerken:

---

*) Um möglichen Verwechselungen vorzubeugen, ist hier beiläufig zu bemerken, dafs die Bezeichnungen des Bergmanns von **Sprüngen ins Hangende** (Dach) und **Sprüngen ins Liegende** (Sohle) keine Unterschiede in der Erscheinung begründen, sondern sich lediglich auf die Richtung beziehen, von welcher her die Kluft angefahren worden ist.

1) Der zu Tage ausgehende Flötztheil mufs der höhere sein.

2) Das Dach des Flötztheiles im Hangenden liegt mehr oder weniger vor der Sohle desjenigen im Liegenden, weshalb,

3) keine Deckung nach dem Loth möglich.

4) Die Winkel der Flötztheile mit der Ebene der Kluft zwischen ihnen, sind stets stumpf, daher

5) auch keine Deckung nach dem Perpendikel statt finden kann.

Vorkommen. Die vorstehenden Sprünge sind unter allen streichenden die häufigsten. Ein dergleichen von 10 Lcht. Höhe verwirft 3 Flötze der Fuchs Grube bei Waldenburg etc.

§. 100. Hierher gehört auch das etwaige Vorkommen eines söhlig gelagerten Flötzes, welches durch irgend einen Sprung verworfen wird, indem bei solcher Lage desselben jeder Sprung als ein streichender angesehen werden mufs, und von keinem recht- oder widersinnig fallen die Rede sein kann (Fig. 44.)

§. 101. *b.* Mit schwächerem Fallen als das Flötz, (Fig. 45.) hierbei liegt:

1) der Flötztheil im Hangenden unter der Erdoberfläche und

2) dessen Sohle nach Maafsgabe der Sprunghöhe mehr oder weniger vor dem Dache des anderen, also

3) stets Deckung nach dem Loth.

4) Die Winkel der Flötztheile mit der Kluft müssen spitz und daher,

5) Deckung nach dem Perpendikel vorhanden sein.

6) Beide Flötztheile sind durch eine rein querschlägige Linie zu verbinden, welche bei gleicher Sprunghöhe um so kürzer ist je schwächer das Flötz fällt, aber hier immer kürzer als die Sprunghöhe sein mufs.

Vorkommen. In Schlesien noch nicht beobachtet. Das Vorkommen einer solchen Kluft ist zwar auf der Weifsig Grube im Waldenburger Revier getroffen worden, allein sie gehört einem Nebensprunge an.

B. Widersinnig fallende streichende Sprünge (Fig. 46. *a*, *b* und *c*.)

§. 102. Bei allen dergleichen Sprüngen liegt:

1) Der zu Tage ausgehende Flötztheil tiefer und

2) dessen Dach vor einem Theil der Sohle des anderen, daher

3) niemals Deckung nach dem Loth.

4) Stets sind beide Flötztheile durch eine querschlägige Linie zu verbinder, und diese kann nach Maasgabe der Tonnlagen der Kluft und des Flötzes bald länger bald kürzer als die Sprunghöhe, oder auch dieser gleich sein.

5) Die Winkel der Ebene trifft man

a) spitz, wobei Deckung nach dem Perpendikel (Fig. 46. *a*)

b) stumpf, ohne ein solches Uebereinandergreifen der Flötztheile (Fig. 46. *b*).

Das Mittel zwischen diesen beiden macht der dritte Fall, wo die Winkel

c) Rechte sind (Fig. 46. *c*), wenn z. B. die Kluft 60° und das Flötz 30 Grad Fallen zeigt. Der Perpendikel tangirt beide Theile.

Vorkommen. Zu bemerken ist, dafs in der Natur die Winkel gewöhnlicher stumpf als spitz, und im Ganzen die widersinnigen streichenden Sprünge etwas seltener sind als die rechtfallendeu (§. 99.). 5 Lachter Höhe hat einer dergleichen auf der Friedrich Gegentrum Grube im Glaetzischen etc.

§. 103. Ein etwaniges Vorkommen eines seigeren, durch einen streichenden Sprung verworfenen

Flötzes dürfte am passendsten unter *B* 5. *a* zu stellen sein. (Fig. 47.)

---

§. 104. **Für einen jeden nicht streichenden Sprung** ist über die Lage der einen Schnittlinie gegen die andere folgende Hauptregel aufzustellen:

Wenn die Schnittlinie des hangenden Flötztheiles diejenige des liegenden nicht etwa deckt: so liegt erstere von letzterer in einer Richtung entfernt, die derjenigen entgegengesetzt ist, in welcher jede Schnittlinie sich von der Falllinie der Kluft abwärts entfernt (Fig. 48. 49. 51 und 52.)

Man denke sich z. B. vor einer dergleichen Kluft stehend. Sieht man nun die Schnittlinie des liegenden Flötztheiles von der Rechten zur Linken abwärts die Falllinie durchschneiden, so liegt die andere Schnittlinie von jener zur Rechten (Fig. 48. 49. 52.) oder umgekehrt (Fig. 51.)

Geht man hingegen von der Schnittlinie des Flötztheiles im Hangenden aus, so liegt die andere nach derselben Richtung hin, in welcher jede die Falllinie abwärts schneidet.

§. 105. Kürzer und deutlicher läfst sich die Regel nach den Winkeln der Schnittlinien mit der Streichlinie der Kluft abfassen.

Von der Schnittlinie des liegenden Theiles ausgehend, hat man die andere in **der** Richtung zu suchen, in welcher sich der **spitze** Winkel mit der Streichlinie der Kluft öffnet, und

Von der des hangenden Theiles ausgehend, jene nach Richtung der Oeffnung des **stumpfen** Winkels.

§. 106. Noch anders kann man die Regel folgendermaafsen ausdrücken.

Wenn die **Sprungwinkel** (§. 57.) **spitz** sind, so liegt die Schnittlinie des hangenden Flötztheiles auf der

Sohle des anderen. Sind aber diese Winkel stumpf; so liegt dieselbe auf dem Dache des liegenden Flötztheiles.

Sind die Sprungwinkel rechte (§. 63.) so findet keine Seiten Verschiebung statt, sondern nur eine, entweder recht- oder schiefwinklige Durchkreutzung (§. 66. 67.)

Ueber die Verhältnifse der Entfernung der Schnittlinien in verschiedenen Richtungen, und den Einflufs welchen eine verschiedene Lage der Kluft oder des Flötzes auf dieselbe ausübt, sehe man §. 72. u. f.

II. Querschlägige Sprünge (Fig. 48.). *)

§. 107. Von diesen gilt, wenn das Flötz nicht seiger ist, folgendes:

1) Die Sprungwinkel §. 57. müssen stets spitz sein.

2) Das Dach des Flötztheiles im Hangenden liegt stets mehr oder weniger vor der Sohle des andern, daher

3) keine Deckung nach dem Loth möglich.

4) Der Winkel der Ebenen kann nie unter einem Rechten (spitz) sein, also

5) nie Deckung nach dem Perpendikel statt finden.

6) Die horizontale Entfernung der Schnittlinien ist zugleich die nächste horizontale Entfernung der Flötztheile.

---

*) Die Art, wie wir in dieser und den nachfolgenden Figuren die nicht streichenden Sprünge anschaulich zu machen gesucht, dürfte zwar aus den Figuren selbst klar werden; doch bemerken wir hier noch, dafs es eigentlich obere Ansichten der Klüfte und Flötztheile sind, beiderlei Ebenen oben und unten durch eine horizontale Fläche abgeschnitten, so dafs die starken Linien das Streichen in tieferer, und die schwachen Linien das Streichen in der obern Sohle andeuten. Das Einfallen der Flötztheile und Klüfte ist durch Pfeile angezeigt, und das der ersteren immer gegen den Leser gerichtet angenommen.

Vorkommen. Beispiele von solchen Sprüngen sind in Schlesien nicht selten zu finden, und mit Höhen von mehr als 20 Lachtern bekannt.

§. 108. Sollte ein seigeres Flötz durch einen querschlägigen Sprung getrennt werden, so würde dasselbe keine Seitenverschiebung erleiden; so wie die Winkel der Ebenen rechte, und also die ganze Durchkreutzung vollkommen rechtwinklich sein mufs. Nur die Erfüllungsmasse der Kluft würde die Theile scheiden.

III. Spieseckige Sprünge.

A. Rechtfallende spieseckige Sprünge.

§. 109. Es sind bei diesen 3 verschiedene Fälle denkbar; nehmlich ohne oder mit völliger Dekkung, und drittens mit in Berührung stehenden zusammengehörigen Theilen (Sprünge mit Kreutzung).

§. 110. *a.* Mit spitzen Sprungwinkeln (Fig. 49.). Hierbei ist keine Art von Deckung möglich, denn es liegt:

1) stets das Dach des Flötztheiles im Hangenden mehr oder weniger vor der Sohle des andern, und

2) die Winkel der Flötztheile mit der Kluft-Ebene müssen jederzeit stumpf sein, eben so

3) die Winkel der Streichlinien, daher

4) eine horizontale Linie, welche beide Flötztheile verbindet, nicht anders als spieseckig gehen kann, und zwar ist

5) die horizontale Entfernung der Schnittlinien die kürzeste söhlige, und deren wahre überhaupt die nächste Entfernung der Flötztheile.

Vorkommen. Diese Sprünge sind unter allen Sprüngen die häufigsten, und auf Erstreckungen von einigen hundert Lachtern ganze Flötzzüge durchsetzend, bekannt. Der bedeutendste dürfte in Schlesien derjenige sein, welcher das Feld der Hermsdorfer Gruben Waldenburger Reviers durchschneidet, mit einer Höhe von 32 — 33 Lachtern.

§. 111. *b.* Mit Kreutzung der Ebenen (Fig. 50.). Bei einem rechtfallenden spieseckigen Sprunge mit schwächer als das Flötz geneigter Kluft, läfst sich ein solches Verhalten der Tonnlagen denken, dafs die Schnittlinien mit der Streichlinie der Kluft rechte Winkel machen, also mit deren Falllinie coincidiren (§. 63. und 64.). In diesem Falle möchte das Hangende hundert Lachter tiefer liegen, stets würden, unter vorausgesetzter Regelmäfsigkeit, die Schnittlinien auf einander bleiben. Der eine Theil erscheint als Fortsetzung des andern, und von diesem nur durch den Inhalt der Kluft geschieden.

§. 112. *c.* Mit stumpfen Sprungwinkeln (Fig. 51.) wenn nehmlich die Schnittlinien mit der Streichlinie der Kluft in der Sohle der Flötztheile stumpfe Winkel bilden (§. 61.); zu bemerken sind hierbei folgende Verhältnisse:

1) Die Sohle des Flötztheiles im Hangenden liegt vor einem Theil des Daches von dem anderen, daher

2) immer Deckung nach dem Loth.

3) Die Flötztheile machen mit der Kluft spitze Winkel, also auch

4) Deckung nach dem Perpendikel.

5) Die Winkel der Streichlinien der Flötztheile gegen das zwischen ihnen liegende Stück der Streichlinie der Kluft müssen spitz sein, weshalb

6) beide Flötztheile durch eine querschlägige Linie zu verbinden sind, welche stets kürzer ist als die horizontale Entfernung der Schnittlinien.

---

§. 113. Je mehr die Streichlinie einer solchen Kluft sich derjenigen des Flötzes nähert, desto weniger braucht ihre Tonnlage schwächer als die des Flötzes zu sein, denn sie nähert sich dadurch der streichenden, recht und flächer als das Flötz fallenden Kluft, mit welcher dieselbe überhaupt viel analoges hat.

Soll im entgegengesetzten Falle das Verhalten dasselbe bleiben, so mufs die Kluft eine desto schwächere Tonnlage annehmen, je mehr sich deren Strichlinie von der des Flötzes entfernt. Aber bei einer querschlägigen Kluft kann keine ähnliche Lage der Theile statt finden; eine solche Sprungkluft mit Null Grad Neigung gedacht, würde erst den Fall der Durchkreutzung darstellen.

Nimmt man bei gleichbleibender Sprunghöhe und Lage des Flötzes, auch constanter Streichlinie der Kluft, (Fig. 51.) deren Tonnlage gröfser werdend an: so müssen die Schnittlinien mit der Falllinie der Kluft nach und nach kleinere Winkel machen, bis bei ihrem Zusammenfallen mit dieser sich beide decken, und so der vorige Fall §. 111. der schiefwinkligen Durchkreutzung eintritt.

Setzt man dies Verfahren in Gedanken noch weiter fort, so kommt man auf das gewöhnliche Verhalten bei spieseckigen Sprungklüften (§. 110.). Eben so, wenn man von Fig. 51. ausgehend, das Flötz allmählig eine geringere Neigung annehmen läfst.

In der Natur kennen wir die beschriebene Erscheinung nicht, und sie dürfte auch nicht leicht vorkommen, weil selten eine Kluft schwach fällt, und auch die stehenden Flötze nicht nur überhaupt ungewöhnlicher sind, als die schwebenden, sondern auch seltener von Sprüngen durchsetzt gefunden werden. Dabei kann, selbst bei ziemlich bedeutender Sprunghöhe, die horizontale Entfernung sehr gering, und deshalb das Ganze leicht zu übersehen sein. Noch mehr möchte dies von einem etwaigen Vorkommen der Durchkreutzung gelten, da der Inhalt der Sprungklüfte meist so wenig ausgezeichnetes hat, und obendrein auch mit Letten erfüllte Schlechten in der Kohle gefunden werden, welche das Flötz durchsetzen, ohne Sprüngen anzugehören.

B. Widersinnig fallende spieseckige Sprünge.

§. 114. Bei allen diesen sind (Fig. 52.)

1) die Sprungwinkel immer spitz.

2) Das Dach des hangenden Flötztheiles liegt mehr oder weniger vor der Sohle des andern, also

3) niemals Deckung nach dem Loth.

4) Die Streichlinien der Flötztheile machen mit der Streichlinie der Kluft zwischen ihnen spitze Winkel, daher

5) jene durch eine rein querschlägige Linie zu verbinden sind, welche kürzer ist als die horizontale Entfernung der Schnittlinien.

6) Die Winkel der Flötztheile gegen die Kluft können sein

a) spitz, mit Deckung nach dem Perpendikel;

b) stumpf, ohne dergleichen, oder

c) Rechte, wobei der Perpendikel beide Theile tangirt.

Vorkommen. Diese Sprünge sind zwar ungleich seltener, kommen aber noch mit ziemlichen Höhen vor. Mit spitzem Winkel der Ebenen durchsetzt ein solcher die stehenden Flötze der Weifsig-Grube Waldenburger Reviers, von 8 bis $8\frac{1}{2}$ Lachter Höhe. Gewöhnlicher findet man aber diese Winkel stumpf. Auf der Königs-Grube verwirft ein dergleichen Sprung das Heintzmann-Flötz bei Lida-Schacht um mehr als 10 Lachter.

§. 115. Bei dem etwanigen Vorkommen eines, durch einen spieseckigen Sprung verworfenen seigeren Flötzes, fällt der Unterschied zwischen recht- und widersinnigem Fallen von selbst hinweg. Deckung nach dem Loth könnte nicht Statt finden, dagegen würde die Deckung nach dem Perpendikel nie fehlen, und dessen

Länge wäre zugleich die nächste Entfernung der Flötztheile. Dieser Fall ist füglich dem unter *B. b. a*) (§. 114.) begriffenen zuzurechnen.

Fünftes Kapitel.

Von den Uebersprüngen.

§. 116. Uebersprung wird (nach §. 23.) das Höherliegen des Flötztheiles im Hangenden gegen denjenigen im Liegenden der Kluft genannt.

Bei Betrachtung dieser Uebersprünge bilden wir die Haupt-Abtheilungen ebenfalls nach der Lage der Kluft gegen die Flötztheile, weil so am deutlichsten hervortreten dürfte, wie sich ein Uebersprung von einem gewöhnlichen Sprunge mit gleicher Kluftlage, unterscheidet.

I. Streichende Uebersprünge.

§. 117. Die Lage der Schnittlinien ist söhlig, ihre Entfernung der Sprunghöhe gleich, und um diese liegt diejenige des hangenden Flötztheiles höher als die andere.

A. Rechtfallende, und zwar

§. 118. *a.* Mit stärker als das Flötz geneigter Kluft (Fig. 53.) hierbei ist:

1) der zu Tage ausstreichende Flötztheil der tiefere, und

2) es liegt ein Theil von dem Dache desselben unter der Sohle des andern, daher

3) stets Deckung nach dem Loth.

4) Die Winkel der beiderlei Ebenen müssen spitz, daher

5) perdendiculaire Deckung vorhanden sein.

6) Beide Flötztheile sind durch eine rein querschlägige Linie zu verbinden, welche um so kürzer ist, je mehr

sich die Tonnlagen einander nähern, und welche gröfser oder kleiner als die Sprunghöhe sein kann.

Vorkommen. Der mächtigste uns bekannte dergleichen Sprung ist derjenige im Baildon-Schacht der Carolinen-Grube bei Bitkow, und beträgt seine Höhe gegen 15 Lachter.

§. 119. *b.* Mit schwächerer Tonnlage als die des Flötzes (Fig. 55.); hierbei sieht man

1) dafs der höhere Flötztheil zu Tage ausstreicht und

2) dessen Dach mehr oder weniger vor der Sohle des andern liegt, weshalb

3) keine Deckung nach dem Loth möglich.

4) Die Winkel der Ebenen erscheinen stumpf, daher auch

5) keine Deckung nach dem Perpendikel vorhanden sein kann.

6) Die Flötztheile sind durch keine horizontale Linie zu verbinden.

Vorkommen. Diesen Fall haben wir nur ein einziges Mal zu beobachten Gelegenheit gefunden, und zwar als Verwurf der beiden hangendsten Flötze der Weifsig-Grube, Waldenburger Reviers (Fig. 123. im Profil.). Der höhere Theil des 30zölligen (obersten) Flötzes erschien als Fortsetzung des 50zölligen, und betrug daher die flache Sprunghöhe $2\frac{1}{4}$ bis 3 Lachter. Die Flötze haben daselbst 70 Grad Neigung, die Tonnlage der Kluft war auffallend flach, nehmlich kaum 12 Grad.

B. Widersinnig fallende streichende Uebersprünge.

§. 120. Bei diesen (Fig. 56.)

1) geht der höhere Flötztheil zu Tage aus;

2) ein Theil von dessen Sohle liegt vor dem Dache des anderen, also

3) stets Deckung nach dem Loth.

4) Beide Flötztheile sind durch keine söhlige Linie zu verbinden.

5) Die Winkel derselben mit der Kluft können sein:

a) spitz, mit Deckung nach dem Perpendikel (Fig. 56. *b*.);

b) stumpf, ohne dergleichen (Fig. 56. *a*.);

c) rechte (Fig. 56. *c*.).

Vorkommen. Ein solcher Uebersprung fand sich auf der Friedrich Gegentrum-Grube im Glätzischen, mit $3\frac{1}{2}$ Lachter flacher Höhe. Die Tonnlage des Flötzes betrug 25 Grad, die der Kluft 60 Grad, also der Winkel der Ebenen 95 Grad. Kleinere dergleichen, auch mit spitzen Winkeln, sind auf der Weifsig, combinirten Abendröthe-Grube etc. beobachtet worden.

§. 121. Bei horizontaler Lage eines Flötzes ist jeder Uebersprung als ein streichender zu betrachten, und es kann dafür das unter *A. a.* bemerkte gelten, nur dafs hier Loth und Perpendikel eins, und beide Flötztheile durch keine horizontale Linie zu verbinden sind (Fig. 54.).

§. 122. Bei dem etwaigen Vorkommen eines völlig seigeren, durch einen streichenden Uebersprung verworfenen Flötzes, mufs das Verhalten dem unter *A. b.* bezeichneten Falle entsprechen (Fig. 57.).

§. 123. Für die Lage der Schnittlinien gegen einander bei jedem nicht streichendem Uebersprunge gilt folgende Regel:

Von der Schnittlinie des liegenden Flötztheiles ausgehend, ist die andere in der Richtung zu suchen, nach welcher hin sich der stumpfe Winkel mit der Streichlinie der Kluft öffnet, und

Von derjenigen des hangenden Flötztheiles aus, nach der Seite, nach welcher hin der spitze Winkel liegt.

Also grade das Umgekehrte von den für die gewöhnlichen Sprünge (§. 104. 105. 106.) gegebenen Regeln.

§. 124. Wenn sich aber die Schnittlinien decken, findet auch hier kein Verwurf, sondern eine bloſse Durchkreutzung statt, und es dürften hierbei Sprung und Uebersprung nicht zu unterscheiden sein, weil für die Bestimmung, ob dies oder jenes statt finde? kein Anhalten zu finden ist.

II. Querschlägige Uebersprünge.

§. 125. Wir haben hier, wenn das Flötz nicht seiger steht (Fig. 58.)

1) stets spitze Sprungwinkel.

2) Ein Vorliegen des hangenden Flötztheiles vor dem Dache des anderen, daher

3) stets lothrechte Deckung.

4) Die Flötztheile machen mit der Ebene der Kluft spitze Winkel, weshalb auch

5) stets perpendikuläre Deckung.

6) Die horizontale Entfernung der Schnittlinien ist die nächste söhlige Entfernung der Flötztheile.

Vorkommen. Einen solchen Uebersprung von 9 Lachter Höhe traf man auf dem 40zölligen Flötz der combinirten Abendröthe-Grube im Scharf-Schacht. Das Flötz fiel unter 65 — 70 Grad, die Kluft hatte gegen 60 Grad Neigung und letztere war ausgezeichnet regelmäſsig (Fig. 121.). Eben daselbst bemerkte man auch einen kleineren dergleichen von kaum ½ Lachter Höhe; einen andern etwa 1½ Lachter hohen mit flach geneigter Kluft, auf dem zweiten (schwebenden) Flötze der Emilie-Anna-Grube. Beide Gruben ohnweit Gottesberg in Niederschlesien.

§. 126. Bei einem seigeren Flötz würde durch einen genau querschlägigen Uebersprung auch nur eine rechtwinklige Durchkreutzung statt finden (m. vergl. §. 108.).

III. Spieseckige Uebersprünge.

A. Rechtfallende.

§. 127. *a.* Mit spitzen Sprungwinkeln (Fig. 59.). Bei diesen findet man stets

1) Deckung nach dem Loth, und

2) nach dem Perpendikel;

3) sind auch die Winkel der Streichlinien spitz, daher sich

4) beide Flötztheile durch eine rein querschlägige Linie verbinden lassen, welche stets kürzer ist, als die horizontale Entfernung der Schnittlinien.

Vorkommen. Man findet sie unter allen Uebersprüngen noch am häufigsten. Der auf dem 16ten Flötz der Fuchsgrube bei Waldenburg im südöstlichen Felde des Emma-Schachtes angetroffene, hatte eine flache Höhe von 12 Lachtern; das Streichen der Kluft machte mit dem des Flötzes einen Winkel von 142 Graden (*AB* Fig. 21.) und sie zeigte nicht mehr als 22 — 23 Grad Verflächung. Da nun das Fallen des Flötzes etwa 18 Grad ist, so waren die Winkel der Ebenen nur $13\frac{1}{2}$ Grad. Die horizontale Entfernung der Schnittlinien betrug 9 Lachter, die querschlägige der Flötztheile $5\frac{1}{2}$ Lachter, die Länge des Perpendikels $1\frac{5}{8}$ Lachter u. s. w.

Kleinere dergl. Uebersprünge sind auf der comb. Abendröthe-Goldene Sonne, Weifsig Grube im Waldenburger Revier; auf der Friedrich-Gegentrum, Fortuna und Frischauf Grube im Glätzischen beobachtet worden. Auch scheint der Abschnitt des 70 zölligen Flötzes auf der Königin Louise Grube des oberschlesischen Kohlen Reviers vor dem nordöstlichen Grundstrecken Orte, hierher zu gehören.

§. 128. *b.* mit schiefwinklicher Kreutzung. Eine Erscheinung, welche in ihrem Verhalten von einem Sprunge mit gleicher Lage der Kluft gar nicht unterschieden ist, weshalb hier auf Fig. 60. und das §. 111. bemerkte hingewiesen werden kann.

§. 129. *c.* Mit stumpfen Sprungwinkeln. (Fig. 61.) Das Umgekehrte von dem §. 112. bezeichneten Sprunge. Denn

1) es liegt hier das Dach des Flötztheiles im Hangenden vor einem Theil der Sohle des anderen, daher

2) fehlt die Deckung nach dem Loth.

3) Die Winkel der Ebene müssen stets stumpf sein, weshalb

4) keine Deckung nach dem Perpendikel möglich,

5) die beiden Flötztheile sind durch keine reinquerschlägige Linie zu verbinden, ihre nächste Entfernung ist die horizontale der Schnittlinien.

Ein solches Verhalten zeigt viel Analogie mit einem streichenden, recht- und schwächer als das Flötz geneigtem, Uebersprunge; es ist aber noch nicht, wie dieser, in Schlesien beobachtet worden.

B. Widersinnig fallende spieseckige Uebersprünge.

§. 130. Bei diesen findet man (Fig. 62.)

1) stets spitze Sprungwinkel.

2) Ein Vorliegen der Sohle des Flötztheiles im Hangenden vor dem Dache des andern; also

3) Deckung nach dem Loth.

4) Die Flötztheile sind durch keine rein querschlägige Linie zu verbinden etc.

5) Die Winkel der Ebenen können sein:

a) spitz mit } Deckung nach dem Perpendikel
b) stumpf ohne }

c) rechte mit beide Theile tangirendem Perpendikel.

Vorkommen. Ein solcher Uebersprung verwirft das Gerhard Flötz in dem südöstlichen Felde der Königs Grube. Das Flötz ist daselbst $2\frac{6}{8}$ Lachter mächtig, und verflächt sich mit $6\frac{1}{2}$ Grad; das Streichen der Kluft ist von dem des Flötzes wenig verschieden, ihre Tonnlage gegen 60 Grad. Die Sprunghöhe beträgt gegen 3 Lachter, der Winkel der Ebenen etwa 66 Grad; es findet daher Deckung nach dem Perpendikel statt, dessen Länge bei der geringen Neigung des Flötzes von der seigern Sprunghöhe wenig abweicht. Die Abschnitte der Flötztheile waren auf einigen Punkten recht deutlich aufgeschlossen.

Kleinere dergleichen Uebersprünge sind auch in Niederschlesien wie z. B. auf der Weifsig Grube vorgekommen; doch ist es unverkennbar, dafs auch hierbei die widersinnige Lage der Kluft ungewöhnlicher ist, als eine rechtfallende.

§. 131. Bei dem Vorkommen eines, durch einen spieseckigen Uebersprung verworfenen Flötzes, welches ganz seiger stände, fielen natürlich die, unter *A* und *B* gemachten Abtheilungen weg; es würde hierbei keine Art von Deckung und keine querschlägige Verbindung der Flötztheile möglich sein, weshalb ein solches Verhalten unter den, *A*, *c* (§. 129.) begriffenen Fall zu stellen sein dürfte.

Sechstes Kapitel.

Von den Seigersprüngen.

§. 132. Bei dem senkrechten Stande einer Sprungkluft verhält sich dieselbe gegen beide, durch sie getrennten Flötztheile, ganz gleich; es kann dieser oder jener der tiefere oder höhere sein.

Allgemeine Eigenschaften eines Seigersprunges sind:

a) Deckung nach dem Loth ist unmöglich, denn dieses liegt in der Kluftebene und tangirt nur beide Flötztheile,

b) Bei geneigtem Flötz liegt jedesmal das Dach des

tieferen Theiles nach Maasgabe der Sprunghöhe mehr oder weniger vor der Sohle des anderen.

c) Die Schnittlinien mögen daher mit der Streichlinie der Kluft parallel, oder gegen dieselbe geneigt sein, immer mufs hier diejenige des tieferen Flötztheiles vor der Sohle des anderen liegen.

d) Bei dem etwaigen Vorkommen eines seigeren Flötzes, würde dieses durch einen solchen Sprung keine Seiten Verschiebung erleiden, sondern von der Kluft durchkreutzt werden, und zwar wenn dieselbe querschlägig — rechtwinklig ist, wenn sie aber spieseckig — schiefen Winkel.

Besondere Unterschiede können im wesentlichsten nur nach dem Verhalten des Perpendikels gemacht werden. Wir wählen jedoch wieder die Eintheilung nach der Lage der Kluft gegen das Flötz, es kommt aber natürlich hier nur deren Streichlinie in Betracht.

I. Streichende Seigersprünge.

§. 133. Diese lassen sich abtheilen nach den Winkeln der Flötztheile mit der Kluftebene (zwischen den Schnittlinien) indem dieselben entweder, spitz, stumpf oder rechte sein können,

1) spitz (Fig. 63.) wobei

a) Deckung nach dem Perpendikel.

b) Der nach dem ausgehenden liegenden Flötztheil der tiefere und

c) Es sind beide Theile durch eine rein querschlägige Linie zu verbinden, welche nach Maafsgabe der Tonnlage des Flötzes länger oder kürzer als die Sprunghöhe sein kann.

2) stumpf (Fig. 64.) dann hat man

a) keine Deckung.

b) der zu Tage ausgehende Flötztheil ist der höhere, und

c) mit dem anderen durch keine söhlige Linie zu verbinden.

3) Dafs die Winkel der Ebenen rechte sind (Fig. 65.) kann nur ein horizontal gelagertes Flötz betreffen, bei welchem jede Kluft als eine streichende anzusehen ist. Der Perpendikel ist hierbei mit dem Loth identisch und tangirt beide Theile.

II. Querschlägige Seigersprünge. (Fig. 66.)

§. 134. Die Sprungwinkel so wie die Winkel der Ebene sind rechte, der Perpendikel fällt in die Kluft, und berührt beide Flötztheile. Letztere lassen sich durch eine querschlägige Linie verbinden, deren Länge bei 45 Lcht. Neigung des Flötzes der Sprunghöhe gleich, bei geringerer Tonnlage aber gröfser und bei steilerem Fallen des Flötzes kürzer als die Sprunghöhe sein kann.

III. Spiesekige Seigersprünge.

§. 135. Bei diesen sind die Sprungwinkel, wenn das Flötz nicht seiger, immer spitz; bei seigerem Flötz aber rechte. Aufserdem hat man hier zwei Fälle zu unterscheiden:

1) Mit Deckung nach dem Perpendikel (Fig. 67.) indem sowohl die Streichlinie als die Ebene spitze Winkel bilden, und beide Flötztheile durch eine rein querschlägige Linie zu verbinden sind.

2) ohne dergleichen Deckung, wenn jene Winkel stumpf erscheinen (Fig. 68.)

Das Mittel zwischen beiden macht die querschlägige Seigerkluft, wo beiderlei Winkel rechte sind.

§. 136. Vorkommen der Seigersprünge. Wie schon gesagt, gehört ein ganz senkrechter Stand einer Sprungkluft zu den Seltenheiten, und deswegen mufs es immer als unsicher angesehen werden, ob die vielleicht vor einem einzelnen Orte beobachtete Stellung wirklich der ganzen Kluft eigenthümlich, oder ob sie nur eine lokale Abweichung ist. Da dies bei gröfseren

Sprüngen aber grade am unsichersten ist, so nehmen wir Anstand dergleichen hier als Beispiele hervorzuheben, und führen nur an, dafs wir kleine Seigersprünge von 1 — $1\frac{1}{2}$ Lchtr. Höhe wo die Erscheinung deutlich zu übersehen war, mit verschiedenem Streichen, auf David, Glückhilf, Weifsig, Friedrich Gegentrum angetroffen jedoch nur einen von ihnen, und zwar einen spieseckigen, mit perpendikulärer Deckung, auf der combinirten Abendröthe zu Kohlau bei Gottesberg.

§. 137. Wollte man aus den Seigersprüngen keine besondere Abtheilung bilden: so dürfte es noch am passendsten sein, dieselben den gewöhnlichen Sprüngen unter zu ordnen, und zwar könnte man die Seigersprünge ohne perpendiculäre Deckung allenfalls zu den recht, und steiler als das Flötz fallenden Sprüngen, die mit dergleichen Deckung aber, zu den widersinnigen Sprüngen (im engern Sinne) rechnen.

Siebentes Kapitel.

Unregelmäfsigkeiten bei einem Sprunge.

§. 138. Den vorangegangenen Betrachtungen lag die Annahme zum Grunde, dafs Kluft und Flötztheile wahre Ebenen sind. Da dies in der Natur aber nicht der Fall ist: so soll nunmehr untersucht werden, welchen Einflufs dergleichen Abweichungen auf die Sprung Erscheinung ausüben, und was dabei sonst noch für Anomalien und besondere Verhältnifse vorkommen. — Hierbei halten wir aber immer den Grundsatz fest, dafs die Entfernung des einen Theiles von dem andern stets nach der Falllinie der Kluft erfolgte, (§. 17.) indem wir den scheinbaren oder wirklichen Ausnahmen von dieser Hauptregel ein besonderes Kapitel widmen wollen.

A. Vom Einflufs unebener Klüfte.

§. 139. Bisher wurde die Kluft für eine Ebene angenommen, welche man sich jederzeit aus deren

Hauptstreichen und Hauptfallen construiren kann, und nach deren Falllinie die Fortbewegung des einen Stückes statt fand. Es fragt sich jetzt, welchen Einflufs haben Biegungen einer Kluft auf die Entfernung der Flötztheile in verschiedenem Niveau, oder auf die Entfernung der Theile eines anderen Flötzes, im Dach oder in der Sohle von jenem?

Es leuchtet ein, dafs bei Unebenheiten einer Sprungkluft, die Schnittlinien krumm und meist auch nicht parallel sein werden. Da ein hier nur locales schwächeres oder steileres Fallen nicht die Gesammt-Erscheinung veränderte; so gilt folgender Satz:

Je geringer an einem einzelnen Punkte die Neigung der Kluft, desto entfernter liegen daselbst die Schnittlinien, und umgekehrt, je steiler jene, desto näher diese. (Fig. 69 und 70.).

Um anschaulich zu machen dafs dieser Satz keineswegs dem oben (§. 75.) aufgestellten widerspreche, sondern sich nur auf eine partielle Abweichung beziehe, denke man sich den Sprung nach der zu construirenden mittleren Ebene entstanden, und dann hätten sich erst die Unebenheiten der Kluft eingefunden. Dann bedarf es keines Beweises dafs z. B. eine Hervorragung derselben den vorliegenden Flötztheil eher abschneiden (verkürzen) also seine Entfernung von dem anderen vergröfsern, und umgekehrt eine Vertiefung die Schnittlinien einander näher lassen mufs.

Noch deutlicher wird dies alles, wenn man erwägt dafs bei vorausgesetzter Regelmäfsigkeit der Flötze, deren Theile in einer rein querschlägigen oder seigeren Richtung überall einerlei Entfernung haben müssen, und dafs nur die Verbindungslinien in der Kluft, durch Unebenheiten und Wendungen der letzteren im Fallen, Streichen oder in Zwischenrichtungen, mehr oder weniger schief, also länger oder kürzer werden können.

§. 140. Es kommt bisweilen vor, dafs man an steilen Klüften auf einzelnen Stellen sogar ein entgegengesetztes Einfallen warnimmt, und dadurch kann ein Sprung (im engern Sinne) welcher zufälligerweise auf einem solchen Punkte zuerst angehauen wurde, das Ansehen eines Ueberspruneges gewinnen, bis ein weiterer Aufschlufs über das wahre Verhalten Licht giebt.

§. 141. Im Allgemeinen pflegen die, den bedeutenderen Sprüngen angehörigen Klüfte gern ebenere Flächen zu zeigen, und wenn Wendungen vorkommen, so finden diese mehr in der Gesammt-Erstreckung als im Kleinen statt. Dagegen zeigen Sprünge von geringen Höhen oft sehr unregelmäfsige Klüfte. Bei diesen ist auch der Verwurf der Flötze bisweilen sehr ungleichförmig, ja es kommt vor, dafs solcher auf einem und demselben Flötze in höherem oder tieferem Niveau ganz verschwindet, und öfter noch dafs kleine Sprünge auf einem Flötze ziemlich stark, auf einem anderen darüber oder darunter liegenden aber gar nicht gefunden werden.

Solche Verhältnifse werden sich aber nur selten mit der in §. 17. aufgestellten Hauptregel vereinigen lassen, und wir begnügen uns daher hier mit der Bemerkung, dafs dabei die Kluft in eine freilich nicht ganz regelmäfsige Schichtfläche übergehen oder auch gradezu in der Gesteinsmasse aufhören kann. *)

§. 142. Welchen Einflufs die Mächtigkeit der Sprungkluft und ein Wechsel derselben auf die Entfernung der Schnittlinien der Flötztheile ausübt, ist leicht zu übersehen. Je stärker selbige an dieser oder jener Stelle gefunden wird, um desto entfernter liegen daselbst jene Linien, entweder bei einem und demselben

*) Mehr hiervon unten im II. Haupt-Abschnitt.

Flötze oder auch bei den Theilen eines anderen Flötzes u. s. w.

Bei der selten bedeutenden Stärke der Klüfte ist jedoch dieser Einflufs gewöhnlich nicht erheblich. Wo es aber einmal der Fall sein sollte, hat man, um in die Erscheinung Regelmäfsigkeit zu bringen, nur nöthig, eine mittlere Kluftebene (*AB* Fig. 71.) zu construiren, sich die Flötztheile bis an diese verlängert und nach der Falllinie verschoben zu denken.

§. 143. Mag es sein, dafs die Entstehung des Kluftraumes vielleicht nicht blofs so zu erklären ist, dafs die Wände allein ihm die Masse hergeben, sondern dafs auch zugleich ein Auseindertreten dieser Wände durch Seitenbewegung oder Volumen Verminderung statt fand: man braucht deswegen beiderlei Bewegungs-Richtungen (der Verschiebung nach der Falllinie und des Auseinandertretens) nicht zu trennen, sondern kann, blofse Scheidungsklüfte ausschliefsend (§. 16.) immer dabei stehen bleiben, den Sprung als nach der obigen mittleren Ebenen erfolgt zu betrachten. Das einzige unregelmäfsige der Erscheinung liegt dann nur darin, dafs von den Flötztheilen hin und wieder an den Abschnittspunkten kleine Stücke fehlen.

Wir verkennen nicht, dafs die mittlere Richtung einer solchen aus zweien zusammengesetzten Bewegung, (die Richtung einer, zwei correspondirende Punkte in den Schnittlinien verbindenden Linie) streng genommen nicht der mittleren Kluftebene entsprechen kann. Aber einerseits ist zur Bestimmung der Richtung jener Seitenbewegung, welche die Kluft geöffnet, weder in der Theorie noch in der Erfahrung irgend ein sicheres Anhalten zu finden, und anderseits erscheint dieselbe hier der ab- oder aufwärts gegangenen Bewegung fast ganz untergeordnet. Es dürfte daher nicht nur verzeihlich, sondern sogar rathsam sein, die erstere ohnehin nicht genau bestimmbare Bewegungs-Richtung lieber ganz aufser Acht zu lassen.

B. **Vom Einflufs ungleicher Flötzlagen.**

§. 144. **Verschiedenes Fallen der Flötztheile.** Es ist eine nicht eben seltene Erscheinung, dafs Flötze in verschiedenen Teufen unter Tage, Unterschiede in der Tonnlage zeigen *). Kam nun an solchen Punkten durch einen Sprung ein Gebirgsstück gegen ein anderes tiefer zu liegen: so mufs natürlich:

in einem und demselben Niveau das Einfallen eines Flötzes hinter der Sprungkluft anders sein, als vor derselben.

Unmittelbar folgt hieraus:

dafs unter solchen Umständen die Schnittlinien nicht parallel, also in verschiedenen Teufen die horizontale Entfernung der Flötztheile nicht gleich sein kann.

M. s. Fig. 72., in welcher zu mehrerer Anschaulichkeit die Unterschiede recht bedeutend angenommen sind.

Bei einem spieseckigen Sprunge mit recht und schwächer als das Flötz fallender Kluft (§. 112.) kann man sich es sogar als möglich denken, dafs bei sehr starker Zunahme der Tonnlage des Flötzes, in der Teufe eine Kreutzung der Schnittlinie eintritt (Fig. 73.). Es wäre dies eine Verbindung der beiden Fälle (§. 110. u. 112.) bei einem und demselben Sprunge. — Auch bei einem streichenden rechtfallenden Sprunge ist eine solche Vereinigung der in §. 99. und 101. geschilderten Erscheinungen denkbar (Fig. 74.). So etwas dürfte aber wohl in der Wirklickeit nicht leicht vorkommen.

*) Auf Königsgrube z. B. zeigt das Heinzmann-Flötz am Ausgehenden oberhalb Reil-Schacht kaum 3 bis 4 Grad Neigung, wogegen es ins Einfallende unter mehr als 8 Graden einschiefst. Auf Rudolph-Grube im Glätzischen ist es der umgekehrte Fall u. dgl. m.

§. 145. Wir schliefsen hier die Betrachtung des Verwurfes eines sattel- oder muldenförmig abgelagerten Flötzes mit an, indem wir denselben durch Fig 75. und 76. anschaulich zu machen suchen. Die söhligen Querschnitte solcher Vorkommnisse ergeben, dafs in einem und demselben Niveau im tieferen Gebirgsstücke die Mulde breiter erscheint, wogegen ein Sattel schmäler ausfällt, und umgekehrt im höheren Gebirgsstücke. Beispiele hierzu lieferten im Waldenburger Revier die Baue auf den Gruben comb. Abendröthe und Bergrecht. Der Sattel der Flötze auf der Königin Louise Grube in Oberschlesien wird aber aber durch einen 4 bis 8 Lachter hohen Sprung grade in der Richtung seiner Kante durchschnitten (§. 165.).

§. 146. Um alle Fälle, in welchen, als Folge einer ungleichen Flötzlage, die Schnittlinien krumm erscheinen, richtig zu beurtheilen, ist es am einfachsten, dafs man erst die Lage und Richtung der einen Schnittlinie auf dem Liegenden der Kluft verzeichne, dann aus allen Wendepunkten derselben in der Falllinie der Kluft Linien zieht, diesen die Länge der Sprunghöhe giebt, und durch die Endpunkte dieser Linien die zweite Schnittlinie legt.

Von solchen Fällen aber, wo diese Linien nicht überall gleich weit entfernt sind, sondern wo der eine Flötztheil in eine von der des anderen verschiedene Lage gekommen ist, wird erst weiter unten die Rede sein.

§. 147. Verschiedene Stärke der Gesteinsmittel zwischen Flötzen hinter und vor einem Sprunge. Man kann ziemlich oft die Beobachtung machen, dafs das, zwei Flötze trennende, Gesteinsmittel nicht nur im Fortstreichen, sondern auch, was hier vorzugsweise zu berücksichtigen ist, in verschiedenen Tiefen, Unterschiede in der Mächtigkeit zeigt. Eine Erscheinung, welche mit der abweichenden Lage eines

Flötzes gegen ein anderes, im Dache oder in dessen Sohle, zusammenhängt. Hieraus wird es erklärlich, dafs hinter einem mächtigen Sprunge in einem und demselben Niveau das Mittel zwischen den Theilen zweier Flötze öfters stärker oder schwächer zu finden ist, als es zwischen den correspondirenden Theilen vor dem Sprunge war, also auch: dafs die horizontale Entfernung der Theile bei dem einen Flötz gröfser oder geringer, als bei dem andern seyn mufs.

Nimmt die Stärke des Mittels ins Einfallende zu, so mufs das obere Flötz schwächer fallen als das darunter liegende; vermindert sich dieselbe aber nach der Teufe, so hat jenes Flötz eine steilere Unterlage als dieses. Je steiler aber ein Flötz fällt, um desto geringer ist gemeiniglich die söhlige Entfernung seiner durch einen Sprung verworfenen Theile, und umgekehrt desto gröfser, je schwächer die Neigung des Flötzes ist (§. 74.).

§. 148. Es dürfte einleuchten, dafs die vorstehenden Betrachtungen (des §. 144. bis 147.) nur von nicht streichenden Sprüngen gelten können, da von der söhligen Entfernung der Schnittlinien die Rede war, diese aber bei streichenden Sprüngen durch gar keine söhlige Linie zu verbinden sind. Bei letzteren Sprüngen mufs man die Neigung des Flötzes oder das Mittel zwischen 2 Flötzen zunächst unter der Kluft eben so finden, als dicht vor derselben, wie dies auch bei nicht streichenden Sprüngen der Fall ist, wenn man die Verbindung zwischen den zusammengehörigen Theilen in der Richtung der Falllinie der Kluft herstellt.

Wo aber bei streichenden Sprüngen die Flötztheile durch eine rein querschlägige Linie zu verbinden sind, wird, durch ein Abnehmen der Tonnlage des Flötzes ins Einfallende, der Querschlag um so länger werden, je tiefer man denselben ansetzt, und umgekehrt bei abwärts wachsendem Fallwinkel, desto kürzer, in je tie-tieferem Niveau man ihn treibt. Fig. 77. und 78.

Beim Schwächerwerden eines Gesteinsmittels ins Einfallende liegt das obere Flötz steiler; ein seine Theile verbindender Querschlag wird daher kürzer ausfallen, als zwischen den Theilen des untern Flötzes; und umgekehrt, wenn das Zwischenmittel ins Einfallende stärker wird, weil dann das obere Flötz eine flächere Lage haben mufs. (Fig. 79. und 80.)

C. Besondere Eigenschaften der Flötztheile an einer Sprungkluft.

§. 149. Häufig findet man ein Steinkohlenflötz an der Berührung mit der Sprungkluft, bisweilen sogar auf einige Lachter, sehr kurzklüftig und wenig zusammenhaltend, auch seines Brennstoffs zum Theil beraubt, also wenn nicht ganz taub, doch gewöhnlich sehr verschlechtert. Ein solches Verhalten zeigen meist beide Flötztheile in gleichem Grade. Oft sieht man an solchen Stellen in der Kohle sehr vielen Schwefelkies in dünnen Platten, in Drusen, eingesprengt etc.

An manchen Sprung-Abschnitten erscheint aber auch wieder die Kohle ganz unverändert, und völlig frisch, so wie ohne jene Einmengung von Schwefelkies.

§. 150. Wenn zwei Theile eines Flötzes auf söhligem Wege in der Sprungkluft aufgeschlossen sind: so findet man den einen zuweilen mächtiger oder schwächer als den anderen, auch mit unter dessen Dach oder Sohle, oder beide, ganz verändert. Alles dies beruht aber gewöhnlich nur darauf, dafs dergleichen Unterschiede im Einfallen oder Fortstreichen obwalteten, und durch den Sprung hernach neben einander in einem Niveau zu liegen gekommen sind.

§. 151. Biegung der Flötztheile an der Sprungkluft. — Eine merkwürdige und für den Bergmann wichtige Erscheinung ist folgende:

jeder Theil eines durch einen Sprung verworfenen Flötzes ist an der Stelle der Abschneidung oft nach der Richtung hin gebogen, nach welcher der andere Flötztheil liegt.

Bisweilen beginnt diese Biegung schon mehrere Lachter vor der Sprungkluft, wie unter anderen sehr ausgezeichnet an dem 3° mächtigen Flötz der Caroline-Grube in Oberschlesien vor dem südöstlichen Sprunge und am Starken Flötz der Glückhilf-Grube vor dem grofsen Sprunge x (Taf. VI.) zu beobachten ist. An solchen Punkten trifft man auch gewöhnlich eine recht schlechte Kohle. Anderwärts zeigen sich nur schwache Biegungen, oft erst im letzten Lachter, oder in noch kürzerer Entfernung, vor der Kluft. Ferner kommt es vor, dafs dergleichen Krümmungen nicht das ganze Flötz betreffen, sondern man bemerkt bei dem einen Flötztheil in das Dach, bei dem andern in die Sohle hinein, nur eine Art von Haken, der sich in die Kluft hinein auskeilt. — Interessant war es zu sehen, wie sich auf der Königin Louise Grube das 2 Lachter mächtige Heinitz-Flötz in die Kluft eines etwa 7 Lachter hohen Sprunges in ansehnlicher Stärke hinein und heraufzog, und sich dadurch mit seinem anderen höheren Theile in Verbindung setzte.

Manchmal bleiben zwar die Flächen des Daches und der Sohle bis an die Sprungkluft ganz eben, und es findet also keine Krümmung der ganzen Flötztheile statt; allein in ihnen selbst bemerkt man dann, dafs sich die, der Schichtung entsprechenden Schlechten, an der Stelle des Abschnitts auf- oder abwärts neigen, und dies ist besonders da sehr scharf marquirt, wo ein Bergmittel im Flötz liegt, welches nach besagter Richtung gebogen erscheint.

Das Vorhandensein der beschriebenen Biegungen

läfst sich, da sie zuweilen auch ganz vermifst werden, zwar nicht als allgemein gültige Regel aufstellen, allein bei aufmerksamer Beobachtung sieht man dieselben sehr oft, und nicht nur bei den gewöhnlichen Sprüngen, sondern auch bei den meisten Ueber- und Seigersprüngen, wo sie dann als Wegweiser zur Ausrichtung des verworfenen Flötztheiles, dem Bergmann ganz besonders willkommen sind.

§. 152. Wenn dergleichen Krümmungen das ganze Flötz betreffen oder wohl gar schon mehrere Lachter vor dem Abschnitt bemerkbar werden: so ist von selbst klar, dafs dabei die auf- und unterliegenden Gesteinsschichten zugleich mit gebogen sein müssen. Ob aber diese auch in gröfserer Entfernung vom Flötz an den Biegungen Theil nehmen, bedarf noch einer weiteren Untersuchung. Es steht jedoch wohl zu vermuthen, dafs, je dünner die Flötzlagen und je milder deren Masse, dieselben meist eben so gut gekrümmt sein mögen als die Kohlenflötze, wogegen dies in den festen dickbänkigen Sandsteinen viel seltener und in den groben Conglomeraten vielleicht gar nicht statt finden dürfte. Hier und da haben wir in der Sprungkluft, in der Nähe von Kohlenflötzen, die Schichten milden Schieferthones sehr ausgezeichnet gebogen, anderwärts aber nichts dergleichen gesehen.

§. 153. Kaum ist es nothwendig erst anzuführen, wie man die in Rede stehende Abweichung von der gleichen Lage der Flötzbänke, auf das regelmäfsige Ansehen zu reduciren hat. Ganz einfach kann man sich die Flötzbänke in ihrer sonstigen ungestörten Lage bis an die Kluft verlängert denken und abnehmen, wie weit die Wirkung der Biegung gegangen ist. Häufig wird man dann beobachten, wie bei einem und demselben Sprunge hierin mancherlei locale Verschiedenheit obwaltet. Die Gröfse dieser Biegung mufs übrigens zweifelsohne der Höhe des Sprunges mit zugerechnet werden.

§. 154. Da solche Biegungen hiernach mit der ganzen Sprung-Erscheinung in enger Beziehung stehen, so ist es wichtig, daran noch einige Bemerkungen anzuschliefsen, wenn wir auch voraussehen, dafs wir dabei sogar die Grenze dessen, was wirklich noch Sprung genannt werden kann, überschreiten müssen.

Unverkennbar sieht man in jenen Krümmungen den Widerstand, welchen die Masse dem Zerreifsen, also der Sprungbildung entgegensetzte. Man kann nun als sehr wahrscheinlich annehmen, dafs die Kraft, die einen Sprung hervorzubringen strebte, bisweilen nicht stark genug war, um einen solchen Widerstand ganz zu überwinden.

An dem Abschnittspunkte eines Flötztheiles läfst sich nicht selten beobachten, wie sich die Kohle in einer bald sanften, bald schärferen Krümmung in die Sprungkluft hineinzieht. Der Bergmann nennt diese Art von Fortsetzung des Flötzes den Besteg desselben. Bei schwachen Flötzen kommt es auch vor, dafs ein solcher Besteg dem Flötze an Mächtigkeit wenig nachsteht. Denkt man sich nun den Sprung nur so weit fortgegangen, dafs der Besteg des einen Flötztheiles mit dem des andern eine ununterbrochene Verbindung hat: so finden wir in dem Kohlenflötz keine wirkliche Trennung, sondern sehen zwischen seinen beiden Parthien vor und hinter dem Sprunge nur einen Theil desselben (den Besteg) anders liegen und zwar in der ohngefähren Lage des Kluft-Raumss. Hierbei ist die ganze Erscheinung aber nichts desto weniger noch ein vollkommener Sprung. Geht man nun noch weiter und stellt sich vor, dafs in der Masse gar kein eigentliches Zerreifsen eingetreten ist, sondern dafs dieselbe vermöge ihrer Nachgiebigkeit sich nur verzogen hat, so brauchte keine

Kluft entstanden zu sein und die Flötzlagen machen nur eine mehr oder minder starke Einbiegung, bei welcher es zuletzt ungewiſs wird, ob sie wirklich Folge der Aeuſserung einer Kraft ist, welche nur den Widerstand der Masse nicht ganz zu überwinden vermochte, oder ob eine solche Lage schon beim Absatze der Schichten gegeben war?

Wir werden im zweiten Abschnitt Gelegenheit nehmen, in diese Betrachtungen weiter einzugehen. Hier wollten wir vorläufig nur zeigen, daſs es nicht befremden kann, wenn an Sprungklüften mancherlei Biegungen und Krümmungen der Flötzlagen vorkommen, und wenn diese die ganze Sprung-Erscheinung oft verdunkeln oder gar verstecken.

Ganz besonders häufig zeigen sich dergleichen Unregelmäſsigkeiten bei den kleinen Uebersprüngen, und am allermannigfaltigsten bei denjenigen unter ihnen, wo sich die Lage der Kluft der des Flötzes am meisten annähert, d. h. mit andern Worten, wenn beiderlei Ebenen sehr spitz zusammenstoſsen.

Oft findet man aber auch bloſs ein, den Uebersprüngen analoges Uebereinandergreifen der Flötztheile ohne Trennung, durch eine (im Dach und Sohle fortsetzende) Kluft *).

*) Ausgezeichnet schöne und lehrreiche Beispiele zu solchen Verhältnissen sind in der Grafschaft Mark und im Essen-Werdenschen beobachtet worden, welche Herr von Dechen in einer sehr interessanten Abhandlung über die Störungen des Steinkohlengebirges zusammengestellt, und diese mir mittheilen die Güte hatte.

Achtes Kapitel.

Lage von Theilen eines Flötzes bei zwei Sprüngen.

§. 155. Wir können uns hier an den Inhalt des vierten Kapitels der ersten Abtheilung dieses Abschnittes anschliefsen. Dort ist die Lage und Gestalt der Gebirgsstücke bei zwei Sprüngen angegeben, hier wird die Lage und Gestalt der darin aufsetzenden Theile eines Flötzes zu erörtern sein.

§. 156. Bei zwei Sprüngen mit ganz parallelen Klüften (§. 27.) erscheint der von ihnen eingeschlossene mittelste der drei Flötztheile prismatisch, die Sprünge mögen nun streichend, querschlägig oder spieseckig sein. Als ein Beispiel liefern wir in Fig. 81. ein Profil des 60″ mächtigen Flötzes im Adolph-Schacht der Friedrich-Gegentrum-Grube im Glätzischen, verworfen durch einen widersinnigen streichenden Sprung von 5° Höhe und einem $3\frac{1}{2}$° hohen Uebersprung mit paralleler Kluft, und durch zwei kleine unter sich wieder gleichlaufende Seigersprünge.

Bei zwei streichenden dergleichen Sprüngen liegen die Schnittlinien des Mittelstückes natürlich horizontal, bei nicht streichenden aber geneigt, immer aber unter sich parallel.

§. 157. Wenn zwei Klüfte nun einerlei Streichen, dagegen verschiedene Verflächung haben, so wird, wenn dieselben streichenden Sprüngen angehören, das zwischen ihnen liegende Flötzstück auch von zwei parallelen Abschnittslinien begrenzt. Sind sie dagegen querschlägig oder spieseckig: so nähern sich ins Einfallende die Grenzlinien des mittleren Stückes, falls die Klüfte einander entgegenfallen; fallen diese aber von einander ab, so wird das Mittelstück in der Tiefe breiter u. s. w.

§. 158. Aus dem, was §. 29. über die Nebensprünge gesagt ist, ergiebt sich von selbst, dafs das zwischen einem solchen Sprunge und dem Hauptsprunge liegende kleine Flötzstück meistens eine sehr unregelmäfsige Form zeigen mufs. Wo beide Klüfte hie und da auf gröfsere oder geringere Längen mit einander parallel laufen, macht sich diese Form prismatisch, wird dort breiter, wo die Klüfte sich entfernen, und keilt sich anderseits aus, wo nehmlich die Kluft des Uebersprunges in der des anderen aufhört. Ist der Hauptsprung streichend, so liegt die gröfste Ausdehnung des Zwischenstückes horizontal; ist er aber nicht streichend, so erscheint dieselbe geneigt, und das Flötzstück kann sich entweder in die Teufe hin, oder nach dem Ausgehenden zu, oder auch in einer Zwischenrichtung ausspitzen.

Dafs die Nebensprünge dies oder jenes Flötz durchsetzen, dagegen ein anderes darüber oder darunter befindliches entweder gar nicht mehr treffen oder doch nur kleinere Stücke davon abreissen, ja selbst auf einem und demselben Flötz in gewissen Sohlen vorkommen, und in einem höhern oder tiefern Niveau vermifst werden, liegt in der Unregelmäfsigkeit ihrer Erstreckung, und ihrem früheren oder späterem Verschwinden am Hauptsprunge. Bisweilen verlieren sie sich aber auch, indem sie allmählig an Höhe abnehmen ohne sich jenem Sprunge ganz anzuschliefsen, was besonders bei den kleinern öfters zu beobachten ist. Im letztern Fall kann jedoch der durch den Nebensprung bewirkte Verwurf kein gewöhnlicher nach der Regel §. 17. entstandener sein, denn das kleine Flötzstück ist mit dem einem der beiden gröfseren, auf der Stelle wo sich der Nebensprung nicht ganz an dem Hauptsprung anschliefst, in stetiger Verbindung geblieben, hat sich also hier gar nicht, weiterhin aber allmählig tiefer von dem fest gebliebenen entfernt. Die Bewegung kann daher nicht einmal in graden Linien statt gefunden haben. *)

§. 159. Bei den §. 30. beschriebenen sich schaarenden Sprungklüften wird auch gewöhnlich ein Flötz in 3 Theile getrennt gefunden, von denen der mittelste eine oblonge oder triangulaire Form haben kann. Ist eine der Klüfte eine streichende, so läuft die daran liegende Seite des Triangels horizontal, unterdes die zweite an der andern Kluft steigt oder fällt. Ist aber keine von beiden streichend, so liegen beide Abschnittlinien des Triangels geneigt, und dieser kann seine Spitze einmal nach oben und ein andermal nach unten kehren.

Wenn beide Klüfte streichenden Sprüngen angehören, oder auch wenn zwei andere Klüfte in einer Linie zusammenstofsen, welche mit den Schnittlinien der Flötztheile parallel ist, kann das mittelste Flötzstück eine prismatische Gestalt haben. — Zur Erläuterung dieser verschiedenen Fälle können die Fig. 82, 83. 85 und 88 bis 93. dienen, bei denen man aber nur den einen Theil der Sprungkluft *bb* als vorhanden betrachten, und den andern jenseits *cc* liegenden sich hinweg denken mufs. Wir werden weiter unten (§. 162. etc.) Veranlassung nehmen noch mehr über dergleichen in der Natur beobachtete Vorkommnifse zu sprechen, da dieselben nichts weniger als selten sind.

§. 160. Mit Bezugnahme auf §. 31. ist zu bemerken, dafs bei zwei Sprüngen mit einander verwerfenden Klüften, nach Maafsgabe ihrer Lage gegen ein Flötz, dieses in vier, drei, oder auch nur in zwei Theile zerfallen kann.

---

*) Wenn man nehmlich eine feste Masse voraussetzt. M. s. unten §. 222. mehr hiervon.

a) Vier Flötztheile werden allemal zu finden sein, wo die jüngere Kluft so liegt dafs sie beide durch den älteren Sprung verworfenen Flötztheile durchschneidet. Aus der grofsen Zahl der Möglichkeiten heben wir nur folgende einzelne Fälle hervor, und beschränken uns dabei auf Sprünge im engern Sinne. In den zur Erläuterung beigefügten Figuren wird die ältere Sprungkluft immer mit *bb* und zwar ihr höherer Theil mit *b* und der tiefere mit *b'*, die jüngere Kluft mit *cc*; von den Flötztheilen der höchste mit *A*, der tiefste mit *D*, einer der mittleren aber mit *B* und der andern mit *C* bezeichnet werden.

1) Fig. 82. stellt in oberer Ansicht zwei Sprünge vor, von denen der ältere querschlägig und der diesen verwerfende spieseckig und rechtfallend ist, dabei haben die Klüfte ihre Neigung mehr nach einer Richtung hin. Hier liegt nun der Flötztheil *C* um die Höhe des Sprunges *bb'* und *B* um diejenigen von *cc* tiefer als *A*, *D* aber, im tiefsten Gebirgsstücke, ist um die Höhe von *bb'* von *B* und um die von *cc* von *C* entfernt, also um die Höhen beider Sprünge tiefer als *A*.

2) Fig. 83. zeigt dafs die Gestalt und Lage der Flötztheile fast ganz dieselbe bleibt wenn der querschlägige Sprung jünger als der spieseckige ist, also jener diesen verwirft.

Ein solches Verhalten ist im Waldenburger Revier auf der Glückhilf-Grube zwischen den Schächten Tauenzin, Bülow und Wilhelmine deutlich aufgeschlossen worden. — Die ältere mehr spieseckige Kluft hat ein Fallen von 50 bis 55 Grad, und betrug die Sprunghöhe 3 bis 3½ Lachter; die ziemlich querschlägige Kluft des jüngern Sprunges zeigt 65 — 70 Grad Neigung, und dieser war 4 Lachter hoch. — Aus den Theilen von 4 Flötzen, lassen sich die dortigen Verhältnifse sehr gut beurtheilen. Fig. 84. zeigt die Lage der Streichlinien der Klüfte und der Flötzstücke in der tiefen Stollensohle.

Der, nach oben spitz zulaufende Triangel des zweiten Flötzes (*B* Fig. 83. entsprechend) reichte bis nahe an die taube Kohle am Ausgehenden, so daſs also der Flötztheil (*C* Fig. 83.) welcher seine Spitze nach unten kehren würde, hier nicht vorhanden ist. Diesen fand man dagegen auf dem 3ten Flötz, und zwar mit noch über der Stollensohle liegender Endspitze. Der ähnliche Theil des starken Flötzes (*C*) reichte fast bis in diese hinab, der Triangel des 4ten Flötzes hat aber in jenem Niveau noch eine Breite von 23 Lachtern nnd kann sich erst in gröſserer Tiefe auskeilen. Die anderen triangulairen Theile des 3ten, Starken und 4ten Flötzes (*B* Fig. 83.) liegen ganz unter der Stollensohle, und sind noch unaufgeschlossen. Dieselben müssen ihre Endspitzen nach oben kehren.

Auf ähnliche Art scheinen sich zwar Sprünge im 5ten Flötz der David Grube bei Salzbrunn im Ulyſses Schacht zu verhalten. Es machten aber dort eine Menge kleiner Nebensprünge das Ganze undeutlich, doch war an einer Stelle der Abschnitt der älteren Kluft durch die jüngere recht gut entblöſst.

3) Fig. 85. stellt zwei einander mehr zu- also auf der andern Seite abfallende Sprungklüfte vor, wo die Theile *A* und *D* im höchsten und tiefsten Gebirgsstücke triangulair erscheinen, die mittleren *B* und *C* aber weiter fortstreichen.

4) In Fig. 86. (Taf. V.) zeigen wir im Grundriſs die Lage der 4 Theile eines Flötzes getrennt, durch einen ältern widersinnigfallenden spieseckigen Sprung und einen jüngern desgleichen aber rechtfallenden, deren Klüfte eine einander entgegengesetzte Verflächungs-Richtung haben. Der Flötztheil *A* muſs sich nach oben, derjenige *D* aber ins Einfallende ausspitzen.

5) Wenn dagegen beide Klüfte mehr nach einer Richtung hin einschiefsen, so sieht man aus *Fig.* 87., dafs dann die mittleren Flötztheile zwischen den Klüften liegen, und *B* sich nach unten, *C* aber nach oben ausspitzt.

Ein solcher Fall wurde auf der Beste Grube bei Hermsdorf beobachtet. Man sehe im Grundrifs Taf. VI. die mit den Buchstaben *l''* und *m''* bezeichneten Sprungklüfte. Den der Lage von *B* (Fig. 87.) entsprechenden Flötzheil fand man beim 1sten Stollen Flötz in der Stollensohle 14 Lachtr. breit, dagegen den ähnlichen Theil des 2ten Stollen Flötzes mit darüber liegender Spitze. Von beiden Flötzen liegen die Theile *C* unter der Stollensohle, dagegen dieser Theil bei dem hangenderen Friederike-Flötz überfahren werden konnte.

6) In Fig. 88. findet man (wieder als obere Ansicht) die Lage von 4 Flötztheilen bei zwei einander zufallenden querschlägigen Sprungklüften. Der nur durch seine Schnittlinien angedeutete Flötztheil A sei fest geblieben; dann haben, *B* und *C* jeder einmal, *D* aber zweimal die Lage abwärts geändert.

Die vorstehenden Beispiele dürften genügen, um daraus auf alle anderen möglichen Combinationen von querschlägigen und spieseckigen Sprüngen schliefsen zu können, bei welchen ebenfalls 4 Flötztheile vorhanden sein müssen.

7) Wenn zwei streichende Sprungklüfte nach einer Richtung einschieben, so kann die jüngere gegen die andere eine solche Lage haben, dafs sie beide durch die ersteren entstandenen Flötztheile nochmals schneidet, indem sie eine schwächere Neigung als jene zeigt; (Fig. 89. 90 und 91.) mit stärkerer Tonnlage ist dies nur möglich, wenn beide rechtfallend, und die ältere eine bedeutend schwächere Neigung als das Flötz

hat, so dafs die jüngere, stärker als dieses fallende, noch dessen beide Theile schneiden kann.

8) Wenn aber zwei streichende Sprungklüfte entgegengesetzte Einfall-Richtungen besitzen, so können 4 Flötztheile nur da entstanden sein, wo die eine recht und schwächer als das Flötz fallend, und die andere widersinnig liegt (Fig. 92 und 93. welche zugleich darthun, dafs es hierbei ziemlich einerlei ist, welche von beiden Klüften die früher vorhanden war). — Dafs die zwischen zwei solchen Klüften eingeschlossenen Flötztheile stets eine prismatische Form haben, versteht sich von selbst.

b) Drei Flötztheile konnten nur dann entstehen, wenn die jüngere Sprungkluft die ältere gar nicht zwischen den Schnittlinien, und den einen oder den anderen Flötztheil parallel seiner Schnittlinie durchsetzt hat. Fig. 94. stellt dieses Verhalten bei zwei streichenden Klüften im Profile dar, und Fig. 95. ist die obere Ansicht eines solchen Verhaltens bei zwei spieseckigen Sprüngen. Man möchte sich die Ebene noch soweit verlängert denken, und würde doch immer nur drei Flötztheile behalten, indem der mittlere von parallelen Linien begrenzt wird.

c) Zwei Flötztheile finden wir, wenn die neuere Sprungkluft die ältere nur zwischen den Schnittlinien, und mit diesen parallel, dabei aber keinen der Flötztheile durchsetzt. Im Profile zeigt dies Fig. 96. bei zwei streichenden Sprüngen, und in oberer Ansicht Fig. 97. bei zwei spieseckigen Sprüngen. Es leuchtet jedoch ein, dafs nur dies eine Flötz in zwei Theile zerfällt, wogegen ein anderes, davon weit genug im Dach oder in der Sohle liegendes, stets in 3 Theile getrennt sein mufs.

Diese Verhältnisse noch weiter zu verfolgen, oder gar das mögliche Vorkommen mehrerer in gleicher Beziehung zu einander stehender Sprünge in Betracht zu ziehen, würde, wie schon oben §. 32. vermerkt ward, keinem praktischen Nutzen sein.

Neuntes Kapitel.

Kurze Darstellung einiger Sprünge und Sprungfelder.

§. 161. Wir liefern nunmehr hier die, bereits §. 33. versprochene Darstellung einiger, durch Sprünge ausgezeichneter Gegenden des Schlesischen Steinkohlengebirges, welche zugleich auch noch Beispiele zu den obigen Abtheilungen der Sprünge etc. abgeben können.

§. 162. Der interessanteste Punkt ist in dieser Hinsicht das Feld der bei Hermsdorff (Waldenburger Reviers) belegenen Steinkohlengruben.

Taf. VI. stellt einen Grundrifs dieses Terrains vor; er zeigt das Streichen der Sprungklüfte und der verschiedenen getrennten Flötztheile, so weit selbes entweder wirklich aufgeschlossen oder doch mit Wahrscheinlichkeit angenommen werden kann.

Die Theile der Flötze der Friedens-Hoffnung-Grube (welche durch den tiefen Glückhilf-Stollen gelöst worden) sind ganz so angegeben, wie sie in den Grundstrecken angetroffen worden; dagegen ist das südliche Feld der Glückhilf-Grube erst ohngefähr bis zur Hälfte in jener Sohle aufgeschlossen, die Lage der südlicheren Theile liefs sich nur nach dem früheren Aufschlufs in der obern Stollensohle bestimmen, was natürlich nur ungefähr geschehen konnte, weil die Mehrzahl kleiner Sprünge, und die Störungen an der Grenze des Porphyrs das Verhalten verdunkeln.

Die Beste Grube hat meist über einem Stollen gebaut, gegen welchen der Tiefe Glückhilf-Stollen 26 Lachter seiger tiefer liegt. Da die Flötze gröfstentheils die Fortsetzung derjenigen von Friedens-Hoffnung sind: so war es nöthig, auch hier die Lage der Flötztheile etc. in jenem Niveau darzustellen, was aber, wie leicht einzusehen, sich nicht gut anders thun liefs, als dafs der ganze obere Bau so weit nach der Einfallrichtung also nach Osten vorgerückt ward, als jene Seigerhöhe, bei der dortigen Neigung der Flötze, Sohle giebt.

Mit den Heinrich-Gruben-Flötzen war dies aber nicht gut vorzunehmen, daher sie nach ihrem Streichen in dem Stollen jener Grube vorgestellt sind. Die südlichsten Theile des 1sten Flötzes mit den Sprüngen *a*, *b*, *c* und *d* sind es aber in einem noch 20 Lachter höheren Niveau. Die querschlägige Entfernung dieses Flötzes von dem liegendsten (7ten) der Glückhilf-Grube beträgt bei dem Sprung *m'* ungefähr 25 Lachter.

Lage und Gestalt der Gebirgsstücke ergeben sich aus den beiden beigefügten Profilen, in denen eine imaginaire horizontale Ebene durch den höchsten Theil bei *A* gelegt, in nördlicher Richtung fortgehend durch die Sprünge zerstückt erscheint, und im zweiten Durchschnitt rückwärts, längs der Friedens-Hoffnung und Grube verfolgt wird.

Das Streichen der Sprungklüfte ist fast durchgehends spieseckig, doch so, dafs sich viele der querschlägigen Richtung nähern. Das Fallen ist mit sehr wenigen Ausnahmen rechtsinnig, wie sich dies aus der Zeichnung selbst ergiebt.

Eben so ersieht man leicht, welche der Klüfte Hauptsprüngen angehören, und welche sich als Nebensprünge betrachten lassen. So sind z. B. *d'f'* Nebensprünge, welche mit gleicher Neigungsrichtung sich an die Hauptsprünge *c'* und *e'* anschliefsen und in deren Hangendem befinden, wogegen *w'* im Liegenden des Hauptsprunges *x*. Entgegengesetzte Verflächung zeigen z. B. *u''* und *y''* etc. Des Verworfenseins der Sprungkluft *o'* (wohl identisch mit *q'*) durch *p'* ist bereits oben gedacht (§. 160. Fig. 84.), eben so des ähnlichen Falles auf Beste Grube l'' und m''.

Was das Fortsetzen der Sprungklüfte aus einem Grubenfelde in das andere anbetrifft: so ist dieses nur von dem grofsen Hauptsprunge x ausgemacht, welcher sowohl die Flötze der Glückhilf als der Friedens-Hoffnung verwirft.

Bei allen andern ist keine Uebereinstimmung nachzuweisen, und nur hin und wieder zu vermuthen; so gehören vielleicht n und e' einem und demselben Sprunge an, eben so p und i' etc. Diese geringe Uebereinstimmung läfst schliefsen, dafs die Zwischenmittel noch höchst mannichfaltig zerstückt und verworfen sein mögen.

Die gröfsten Sprünge sind e und x. Der erstere 34 Lachter hoch, ist nur in geringer Ausdehnung bekannt, x hat auf Glückhilf 32, auf Friedens-Hoffnung 33 — 33½ Lachter Seigerhöhe. Auch die meisten anderen bedeutenderen Sprünge pflegen in ihrer Erstreckung Unterschiede in der Höhe zu zeigen. Die meisten scheinen gegen Osten, oder in der Richtung des Einfallens der Flötze, an Stärke zuzunehmen; andre zeigen aber auch wieder das Gegentheil, wie z. B. m'', v'' etc.

Die Gröfse der Verwerfungen ergiebt sich übrigens aus den Profilen, und von den bewirkten grofsen Niveau-Veränderungen war bereits oben (§. 45.) die Rede.

§. 163. Ein durch eine grofse Menge von Sprüngen zerstücktes Feld ist auch dasjenige der David-Grube bei Salzbrunn, die auf einem 40 — 50 Zoll mächtigen Flötze baut, dessen Dach ein festes Conglomerat, und dessen Sohle Schieferthon bildet. Der bedeutendste der Sprünge, dessen Erstreckung auf 500 Lachter bekannt, ist spieseckig und rechtfallend; die Streichlinie seiner Kluft weicht etwa um 2½ Kompasstunden (37½ Grad) von derjenigen des Flötzes ab, und seine Höhe beträgt

10 — 13 Lachter; verschieden, wegen der ungleichen, im Mittel sehr geringen Neigung des Flötzes. Der letzteren und des schiefen Streichwinkels wegen, beläuft sich auch die söhlige Entfernung der Schnittlinien auf 220 bis 240 Lachter.

Diesen Hauptsprung begleiten nun eine Anzahl kleiner Sprünge, theils im Liegenden, theils im Hangenden mit ungefähr gleicher Lage des Streichens, und meist ebenfalls gleicher, einzelne aber auch mit entgegengesetzter Verflächungs-Richtung. So ist das Verhalten im östlichen Theile der Grube. In Westen fand man das Flötz anfangs nur durch einzelne Sprünge verworfen, bis sich weiterhin, namentlich bei Ulysses-Schacht, wieder eine grofse Menge derselben einstellten, und die verschiedensten Streichlinien und Neigungen zeigten, jedoch lagen auch hier gern einige mit annäherndem Streichen zusammen. Ihre Höhen sind nicht bedeutend, viele sogar unter der Flötzmächtigkeit bleibend.

§. 164. In Oberschlesien zeichnet sich das Feld der **Königs-Grube** durch mehrere grofse Sprünge aus. Diese landesherrliche Zeche baut gegenwärtig auf 2 Flötzen, nehmlich dem Gerhardflötz von $2\frac{1}{2}$ bis über 3 Lachter Stärke, und dem 7 — 12 Lachter darunter liegendem Heinzmann-Flötz von $1\frac{4}{8}$ — $1\frac{6}{8}$ Lachter Mächtigkeit, welche mit 3 bis 8° Neigung nach Nordosten einfallen.

Taf. VII. stellt die, durch Sprünge getrennten, 6 Theile des Gerhard-Flötzes in oberer Ansicht vor, und zwar 3 vom Ausgehenden bis auf die Sohle des Vorsicht-Maschinen-Schachtes herab (welche dem Niveau des künftig herankommenden Hauptschlüsselstollens entspricht), die andern 3 hingegen keilen sich über dieser Sohle aus. Eben so sind die Klüfte von 5 **Sprüngen** vorgestellt.

Zwei von diesen liegen fast genau querschlägig. *aa* ist der bedeutendste. Seine Höhe ist am Ausgehenden des Heinzmannflötzes am geringsten; bei Reil-Schacht betrug dieselbe 6 bis 7 Lachter; zwischen Martini- und Vorsicht-Schacht schon 10 Lachter, und nimmt weiter ins Einfallende noch um 5 bis 6 Lachter zu. Zum Theil hängt dies damit zusammen, daſs die Flötze im hangenden Gebirgsstück, namentlich das Heinzmann-Flötz, in der Teufe eine stärkere Neigung zeigen, als am Ausgehenden.

Der 2te querschlägige Sprung mit gleichfalls westlich neigender Kluft ist *bb*. Er wurde mit einer streichenden Strecke vom Wetter-Schacht her angefahren, und durch einen Bohrversuch seine Höhe zu $6\frac{1}{2}$ Lachter seiger ermittelt.

Von den 3 spieseckigen Sprüngen ist der widersinnig fallende *cc* der gröſste. Seine Kluft wird im Liegenden vom Gerhard-Flötz nicht erreicht, dagegen dies beim Heinzmann-Flötz der Fall ist, woraus (m. s. Profil nach *AB*) sich die seigere Höhe zu beinahe 12 Lachtern ergiebt.

Ein ziemlich gleiches Streichen, aber entgegengesetzte Verflächung, hat *dd*, seine Höhe ist jedoch unbedeutend. Zwei noch kleinere Sprünge *g* und *f* mit gleicher Kluftlage sind nur auf Heinzmann-Flötz gefunden worden.

Von dem spieseckigen rechtfallenden Sprunge *ee* ist anzuführen, daſs seine Höhe in der obersten Abbausohle auf Heinzmann-Flötz $4\frac{1}{2}$ — 5 Lachter betrug, während sie zwischen Vorsicht- und Scharnhorst-Schacht kaum noch 2 Lachter war.

Alle diese spieseckigen Sprünge hören in der Kluft der Sprunges *aa* gänzlich auf, indem sie hinter diesem nicht wieder gefunden sind.

Von den **Gebirgsstücken** ist das östlichste das höchste; dasjenige, in welchem Vorsicht-Schacht steht, liegt dagegen um nahe 20 Lachter tiefer; das jenseits Sprung *e* im Mittel noch 3 Lachter, und das letzte, westlich *b* noch um $6\frac{1}{2}$ Lachter, also gegen das erste um etwa 29 Lachter tiefer.

Mit der Grundstrecke aus dem alten Maschinenschachte gegen Südosten, wurde (aufserhalb der vorliegenden Zeichnung) auch noch ein **Hauptsprung** angefahren, welcher nach angestellten Bohr-Versuchen das Gerhard-Flötz 15 bis 16 Lachter in die Sohle wirft. Mit der in gleicher Richtung fortgetriebenen Grundstrecke auf dem Heizmann-Flötz war jener Sprung noch nicht erreicht, dagegen wurden hier vor demselben zwei kleinere (auf Gerhard-Flötz nicht vorhandene) Sprünge getroffen, von denen der erste um 1 Lachter seiger ins Liegende, und der andere 3 Lachter ins Hangende ging.

Bemerkenswerth ist noch, dafs sich die Sprünge auf der Königsgrube, durch recht regelmäfsig und grad fortsetzende Klüfte auszeichnen.

§. 165. Die landesherrliche **Königin-Luise-Grube** bei Zabrze zeichnet sich nicht sowohl durch grofse Sprünge, als vielmehr dadurch aus, dafs die dortigen Verwerfungen mit besonderer Lagerungsweise der Flötze in enger merkwürdiger Beziehung stehen.

Wir liefern auf Taf: VIII. einen Grundrifs von den Flötzen Pochhammer, Reden, Heinitz und Schuckmann, wie solche durch den darauf geführten Grundsteckenbetrieb in der Hauptschlüssel-Stollensohle aufgeschlossen sind, nebst einer Mehrzahl von Durchschnitten.

Die Lagerung der ersteren 3 Flötze ist **sattelförmig**, und zwar so, dafs dabei das beiderseitige Hauptstreichen um 6 Stunden (einen rechten Winkel) verschieden ist.

Die südlichen Flötzflügel neigen sich mit 18 — 22 Grad gegen Osten; das Hauptfallen der anderen Flügel beträgt hingegen kaum 8 — 12 Grad, und ist nach Norden gerichtet. In dem hangenden Heinitz-Flötz wurde hier eine muldenartige Einsenkung bemerkbar, namentlich in dem auf Maschinen- und Karsten-Schacht begonnenen Tiefbau; eine vollkommen ausgebildete Mulde zeigte das darüber liegende 50 Zoll starke Flötz. Westlich setzt das aufgeschwemmte Gebirge bis unter die Schlüsselstollensohle nieder; allein nördlich sind die besagten 3 Flötze auf der Amalie-Grube wieder bekannt. Ihre ganze Ablagerung erscheint daher hier als eine nach Nordosten geöffnete Mulde.

Auf der südöstlichen Seite des Sattels ist das Reden-Flötz vom Stollen aus 330 Lachter, das Pochhammer-Flötz 240 Lachter nach Südwesten verfolgt worden, doch war namentlich bei ersterem die Kohle in den letzten 100 Lachtern schon sehr schlecht, und weiterhin setzt auch hier das aufgeschwemmte Land bis unter die Stollensohle herab. Das Heinitz-Flötz fand man im Stollen bis auf eine schwache Bank über der Sohle völlig verbrannt; scharf gebrannte und sogar verschlackte Schieferthone, Porzellanjaspis etc.; eben so im Lichtloch No. 8. Dasselbe vulkanische Gebirge wurde nördlich an der, von Westen her umfahrenen Sattelkante, und südlich mit Bohrloch No. 35. und Nicolaus-Schacht angetroffen.

In Beziehung auf S p r ü n g e bieten die Südflügel dieser 3 Flötze nichts merkwürdiges dar. D e r H a u p t s p r u n g i n d e r S a t t e l k a n t e ist von ungleicher Höhe. Am gröfsten erscheint sie an der Stelle, wo der Sprung mit dem Stollen durchörtert ist. Hier beträgt der Verwurf 8 bis 9 Lachter seiger. Im Süden war die Sprunghöhe auf dem Pochhammer-Flötz nicht über 4 Lachter. Nördlich liefs sie sich nicht so genau ermitteln, weil das

Heinitz-Flötz einerseits unregelmäfsig gelagert, anderseits verbrannt ist, sie war aber unverkennbar auch weit geringer, als in der Stollenlinie.

Von den Nordflügeln ist der des Pochhammer-Flötzes durch einige kleine Sprünge (Fig. 106.) und einen Uebersprung (Fig. 105.) zerschnitten. Seine Westgrenze hatte der dort geführte Abbau an einer, nordwestlich einschiebenden Verwerfungskluft (Fig. 127.) hinter welcher das Flötz mit den dort gestofsenen Bohrlöchern nicht mehr angetroffen ist, wonach es wahrscheinlich wird, dafs diese Kluft einem Uebersprunge angehört. Regelmäfsiger gelagert war hier das Reden Flötz (Fig. 105.), wird aber westlich von einer ganz eigenen Stöhrung begleitet. Es verstärkt sich nehmlich (Fig. 104. 108. u. 110.) plötzlich zu einer dicken Wulst, hebt sich aus dieser hakenförmig in die Höhe, und keilt sich in einer rückwärts gebogenen Kante aus. So zeigen das Verhalten die davon überlieferten Profile, lassen es aber ungewifs, ob und in welcher Lage hier eine Verwerfungskluft vorhanden war. Jenseits wird das Flötz vermifst; wir vermuthen daher hier einen Sprung oder Uebersprung, wobei der höhere westliche Flötztheil hinweggewaschen ist.

In dem Heinitz-Nordflügel sind aufser einigen ganz unbedeutenden, zwei Verwerfungen vorgekommen. Die eine östlich Karsten-Schacht (Fig. 109.) war ein gewöhnlicher Sprung, dessen Kluft sich südlich an die des Sprunges im Sattel anschliefsen mag (Fig. 103.). Die zweite fand man im Maschinen-Schachte (Fig. 109.) mit einer sonderbaren wulstartigen Flötz-Verstärkung verbunden. Weiter nördlich soll das Verhalten als Sprung deutlicher gewesen sein, gegen Süden aber wird die Störung geringer, und verläuft sich zuletzt über dem Stollen in das Verhalten welches *Fig.* 104. zeigt.

Noch ist hier zu bemerken, dafs beim Heinitz-Flötz der mehr erwähnte Hauptsprung nicht grade in der

Sattelkante, sondern östlich derselben, durchzusetzen scheint, daher die Flötztheile hier spitzwinklich verschoben liegen, wie bei einem widersinnig fallenden spieseckigen Sprunge.

Sehr räthselhaft ist die Lagerung des mächtigen Schuckmann-Flötzes. Es erscheint auf dem Punkte, wo man es mit dem Stollen anfuhr, durch eine Kluft abgeschnitten, die widersinnig fallend, ganz deutlich entblöfst ist. Man verfolgte dasselbe mit einer Grundstrecke 160 Lachter weit nach Nordosten, wovon die letzten 20 Lachter in tauber Kohle aufgefahren sind. Obwohl, vermöge der Lage des Sprunges, in jener Richtung die Pfeilerhöhe stark zunimmt und bei Bohrloch No. 38. schon über 60 Lachter beträgt, so wurde das Flötz doch nur 5 — 6 Lachter über der Grundstrecke bauwürdig, alle übrige Kohle aber taub gefunden. Die besagte Kluft kann nun entweder einem Sprunge oder einem Uebersprunge angehören. Im ersten Falle müfste man das Schuckmann-Flötz als mit dem Heinitz-Flötz identisch ansehen. Die Mächtigkeit und sonstige Beschaffenheit zeigen allerdings nicht die mindeste Uebereinstimmung; allein dagegen liefse sich allenfalls einwenden, dafs die ursprüngliche Beschaffenheit des Heinitz-Südflügels gar nicht bekannt ist, oder auch dafs sich vielleicht Heinitz- und Reden-Flötz in der Teufe mit einander vereinigen. Das letztere ist jedoch wenig wahrscheinlich, denn wenn sich auch Bergmittel häufig in ihrer Stärke sehr verändern: so gehört doch ein gänzliches Verschwinden zu den grofsen Seltenheiten.

Noch mehr steht einer solchen Annahme der Umstand entgegen, dafs sich über dem Schuckmann-Flötz nicht die Gebirgslagen wiederholen, welche über dem Heinitz Flötz durchörtert sind. Dort liegt meist reiner Sandstein, hier ein Wechsel von Schieferthon mit untergeordneten Sandsteinbänken und einigen Kohlenflötzchen, und es ist nicht vorauszusetzen, dafs sich letztere Schichten nach der Teufe in jene verändern sollten. Der Sprung müfste übrigens eine flache Höhe von 50 Lachtern haben, wodurch schon allein jene Annahme höchst unwahrscheinlich wird.

Wir vermuthen daher, dafs die Kluft einem Uebersprunge angehöre. Für diesen braucht man nur eine Höhe von 15 bis 16 Lachtern anzunehmen: so trifft in der Stollenlinie (Fig. 104.) der hangende Flötztheil schon ins aufgeschwemmte Land, und kann als fortgewaschen gedacht werden. Grofs mag aber dieser höhere Flötztheil, namentlich nordöstlich des Stollens, nicht gewesen sein, sondern der Verwurf das Flötz in oder nahe an seinem ursprünglichen Ausgehenden betroffen haben. Daraus dürfte sich auch erklären lassen, warum man das Flötz über dem Stolln-Niveau, trotz beinahe 20 Lachter Teufe unter Tage, gröfstentheils taub, und im Bohrloch No. 34. zugleich bis auf 70 Zoll verdrückt gefunden hat.

200 Lachter weit im Hangenden des Schuckmann-Flötzes sind mit dem Stollen die beiden 50 — 60 Zoll starken Bänke des Einsiedel-Flötzes angefahren, welche auf beiden Seiten des Stollens mit Grundstrecken verfolgt, durch eine Mehrzahl kleiner, meist spieseckiger rechtfallender Sprünge verworfen werden. Der bedeutendste von ihnen liegt grade im Stollen, und ist $4\frac{1}{2}$ Lachter seiger hoch.

240 Lachter weiter im Hangenden fand man das sogenannte 70zöllige Flötz sich gleichsam erst im Stollen anlegend, wie Fig. 111. zeigt. Es wurde nach Südwesten 60 Lachter verfolgt und bei 40 Zoll Stärke ganz taub gefunden, gegen Norden wird es durch einen fast querschlägigen Uebersprung etwa 1 Lachter in die Sohle geworfen.

Die Lagerung des George-Flötzes macht Fig. 111. anschaulich. Der Uebersprung bei Lichtloch No. 12.

wurde durch ein Bohrloch untersucht. Derselbe scheint jedoch nur auf einem localen Ueberhangendsein der Kluft zu beruhen, denn wo man letztere mit den oberen Strecken angefahren, war ihr Einfallen nach Süden gerichtet, der Verwurf also ganz wie ein gewöhnlicher rechtfallender spieseckiger Sprung; seine Höhe 3 Lachter.

§. 166. Endlich wird hier noch des Feldes der Caroline-Grube bei Bitkow erwähnt. Von diesem enthält Taf. V. 3 Durchschnitte, welche sich einander im Korb-Schacht durchkreutzen, und zwar so, dafs Fig. 100. ohngefähr im Hauptstreichen, Fig. 102 im Hauptfallen, und Fig. 101. in einer mittlern Richtung läuft.

Die Sprünge *a*, *b* und *c* (Fig. 100. und 101.) wurden durch den Bau selbst aufgeschlossen, wogegen *d* blofs mit Bohrlöchern untersucht ist; *c* nimmt gegen das Einfallende des Flötzes an Höhe zu, wogegen *d* in derselben Richtung etwas geringer wird. Die Sprünge *a* und *b* scheinen südlich zwischen August- und Ludwig-Schacht zusammen zu stofsen.

Das höchste Flötzstück ist dasjenige auf Isaac-Schacht; gegen dieses liegt der Flötztheil im Hangenden von der Sprungkluft *d* um 12 Lachter seiger tiefer. Fig. 102. zeigt, wie sich das Flötz südlich Stollnschacht No. 5. muldenförmig einsenkt, so dafs es ganz unter die Stollnsohle kommt, dann wirft es ein kleiner Sprung beinahe 1 Lachter ins Hangende, weiterhin ein zweiter um 2 Lachter, und gleichzeitig hebt sich das Flötz bis zur Sohle des Baildon-Schachtes sanft hervor. Jenseits des Schachtes folgen wieder zwei kleine, gleichfalls ins Dach gerichtete Sprünge, bis zuletzt das Flötz nahe unter der Dammerde durch eine, ziemlich ebene nach Süden geneigte Kluftfläche abgeschnitten erscheint. Jenseits derselben ist das Flötz mit einer Mehrzahl von Bohrlöchern getroffen, und unterliegt es (nach Fig. 102.) wohl kaum einem Zweifel, dafs der Verwurf zwischen ihnen und dem Baildon-Schacht als ein Uebersprung anzusehen ist. Seine Seigerhöhe beträgt 12 bis 13 Lachter.

In dem weiter nordwestlich belegenen Felde der Marie, so wie in dem der Eugeniensglück etc. Grube sind noch mehrere Sprünge bekannt; theils bieten sie aber nichts ungewöhnliches dar, theils sind die Verhältnisse noch nicht hinreichend ermittelt, daher sie sich noch nicht zur Darstellung eignen.

Zehntes Kapitel.

Ueber die §. 17. aufgestellte Hauptregel.

§. 167. Auf die §. 17. gegebene Regel, daſs die Entfernung des einen Gebirgsstückes von dem andern nach der Richtung der Falllinie der Kluft erfolgte, sind die meisten Erörterungen dieses Abschnitts gegründet, und es ist daher nothwendig, über deren Zuverläſsigkeit Rechenschaft zu geben, so wie auch anderseits die bemerkbaren Ausnahmen anzuführen. Das eine wie das andere läſst sich theils aus wirklichen Beobachtungen entnehmen, theils aber auch nur mit theoretischen Gründen belegen. Wir werden daher hier nicht vermeiden können, aus dem Gebiete der Erfahrung in dasjenige der genetischen Erklärungen zu streifen, indem eine Trennung nur zu unangenehmen Wiederholungen führen würde. Man möge deshalb den Inhalt dieses Kapitels als einen natürlichen Uebergang in den folgenden Abschnitt ansehen.

A. Bestätigungen jener Regel.

§. 168. Wenn die Schnittlinien zweier Theile eines ganz gleichförmig streichenden und fallenden Flötzes genau parallel laufen: so ist dies zwar ein Beweis, daſs die Bewegung des einen Gebirgsstückes an dem andern nach einer einfachen Richtung statt fand, allein noch keine Bestätigung für den Grundsatz, daſs diese Richtung in der Falllinie der Kluft liegt. Dafür findet man nur dann einen zuverläfsigen Beweis, wenn bei unregelmäfsiger Lage eines Flötzes, die Schnittlinien an der Sprungkluft krumm erscheinen, aber dabei in der Falllinie der Kluft überall gleich weit entfernt zu treffen sind. In diesem Falle, der nicht unter die Seltenheiten gehört, kann die Entfernung jener Linien nicht zugleich noch in einer andern Richtung überall dieselbe sein, und die Bewegung hat nach der Falllinie der Kluft vor sich gehen müssen. — Eine gleiche Bestätigung findet man zuweilen, indem eine locale Eigenthümlichkeit des Flötzes, etwa eine Verdrückung desselben, ein Buckel auf der Sohle, ein specielles Anwachsen eines Bergmittels u. dgl. m. grade von einer Sprungkluft durchschnitten ist, und nach der Richtung ihrer Falllinie im anderen Theile wieder gefunden wird. Dergleichen Beispiele sind auf der Glückhilf- und Weifsig-Grube sehr deutlich vorgekommen, und mögen bei aufmerksamer Beobachtung häufig zu treffen sein.

§. 169. Einen andern Beweis für die Richtung der Bewegung giebt die bisweilen recht bestimmt beobachtete Streifung auf dem Hangenden oder Liegenden der Sprungklüfte, oder auf den damit gleichlaufenden Absonderungsflächen ihrer Ausfüllungsmasse. Es haben sich nehmlich kleine, von festerem Gestein gebildete, Hervorragungen der einen Fläche in die andere von milderer Beschaffenheit eingedrückt, und indem die eine über die andere hin rutschte, mufsten sich einzelne tiefe Furchen und Streifen bilden. Diese aber sieht man dann in einer der Falllinie der Kluft entsprechenden Richtung laufen, wodurch die Richtung der Bewegung des einen oder andern Stückes sicher angedeutet wird.

Dafs eine solche Streifung nicht noch häufiger zu beobachten ist, liegt vielleicht nur darin, dafs man die Sprungklüfte meist nur in den milden Gesteinen der

Flötzzüge aufgeschlossen sieht, wo der feine Schieferthon und mürbe Sandstein sich bei dem Aneinanderreiben zerquetschen und zermalmen mufsten, theilweise auch wohl wieder zusammengeknetet wurden, wodurch bisweilen sogar die scharfe Scheidung durch die Klüfte wieder verloren ging, besonders wenn dabei das Nebengestein in einem aufgelösten Zustande getroffen wird.

Am ausgezeichnetsten sehen wir die in Rede stehende Streifung auf mehreren Stellen bei dem Hauptsprunge auf der David-Grube (§. 163.), wo nehmlich das feste Conglomerat des Flötzdaches über den milden Schieferthon der Sohle hingeglitten, und sich hervorstehende Kiesel des ersteren in den letzteren eingedrückt und eingefurcht haben. Aufserdem aber auch noch an vielen andern Punkten, wo durch einen Sprung feste Gesteinsparthien mit weicheren in Berührung kamen, sogar auf der Kohle an der Stelle der Abschneidung.

Selbst bei einigen Uebersprüngen ist die Streifung beobachtet, wie unter andern recht deutlich bei demjenigen auf der comb. Abendröthe-Grube (§. 125.), und zwar ebenfalls in einer der Falllinie der Kluft entsprechenden Richtung.

§. 170. Wir entlehnen jetzt hier aus dem zweiten Abschnitte die dort weiter ausgeführte Ansicht, dafs die meisten der gewöhnlichen Sprünge durch eine Senkung des Hangenden der Kluft entstanden sein mögen. War dies der Fall, und dabei zugleich die Kluft eine ebene Fläche, so mufste die Bewegung eines sonst freien, sich senkenden Stückes, überall nach der Richtung statt finden, in welcher die Unterlage die gröfste Neigung hat, also nach der Falllinie (§. 6.). Bei Unebenheiten derselben konnte zwar die Bewegungsrichtung auf dieser oder jener Stelle oft nicht genau der Falllinie entsprechen, allein dies erscheint nur local, und man mufs jene Richtung überhaupt nicht nach einzelnen

Punkten, sondern nach dem Hauptfallen oder Streichen oder vielmehr nach der Lage einer daraus zu construirenden mittleren Ebene (§. 139.) beurtheilen.

§. 171. Da man sich, wie im zweiten Abschnitt dargethan wird, die in Bewegung gekommenen Gebirgsstücke bei den gröſseren Sprüngen so vorstellen muſs, daſs dieselben eine ansehnliche Ausdehnung in die Tiefe besitzen: so kann man sich besonders bei der meist steilen Stellung der Klüfte nicht denken, daſs solche Stücke ein sehr merkliches Schwanken erfahren haben, d. h. an einer Stelle tiefer als an der andern zu liegen gekommen sein sollten, was eine Veränderung der Schichtenlage zur Folge gehabt hätte. Es ist vielmehr wahrscheinlicher, daſs die Bewegungs-Richtung nicht nur eine einfache war (§. 17.), sondern sich auch so viel als möglich der senkrechten annäherte, also mit der Falllinie übereinkommt.

B. Ausnahmen von der Hauptregel (§. 17.)

§. 172. Es ist bereits (§. 158.) bemerkt, daſs bei manchen Nebensprüngen, wenn man bei der Entstehung derselben eine feste Masse voraussetzt, die Senkung nicht nach der Falllinie der Kluft erfolgt sein könnte; denn wo im Flötz nur eine Art von Riſs vorhanden, an dessen einem oder andern Ende dasselbe noch ungestört zusammenhängt, da wäre es undenkbar, daſs sich das nur theilweise aus dem Ganzen gelöste Stück nach einer einfachen gradlinigten Richtung herabgezogen haben sollte. Die Schnittlinien, welche auf einem Punkte zusammenstoſsen, divergiren nach der andern Seite hin, uud wir haben also dann eine wahre Ausnahme von der mehr erwähnten Hauptregel.

Aber auch bei etwas gröſsern und mehr selbstständigen Sprüngen kommen bisweilen ganz ähnliche Verhältnisse vor. So unter andern auf der Königs-Grube

(§. 164.), wo die Höhe des ersten querschlägigen Hauptsprunges (*aa* Taf. VII.) in der Teufe allmählig zunimmt, wogegen der spieseckige Sprung (*ee*) im Einfallenden des Flötzes eine geringere Höhe zeigt, als in oberer Sohle. Hier hat sich augenscheinlich das eine Gebirgsstück von dem andern auf einer Stelle mehr als auf einer andern entfernt, und der eine Flötztheil hat dadurch eine von dem andern verschiedene Lage erhalten.

§. 173. Man kann bisweilen da, wo Sandstein oder Conglomerat unmittelbar das Dach eines Flötzes bilden, die Beobachtung machen, dafs sich Parthien dieser Gesteine aus dem Ganzen getrennt und in das Flötz hineingesenkt haben, wobei meist dessen Sohle regelmäfsig blieb, und nur die Kohle ganz oder zum Theil verdrückt und wie durch Klüfte abgeschnitten gefunden wird, welche in das Dach fortsetzen. Das 5te Flötz der David-Grube liefert hierzu Beispiele, eben so das $1\frac{1}{2}$° mächtige George-Flötz der Königin Louisen-Grube zu Zabrze. Auf diese Art können in der auf dem Flötz liegenden Masse kleine Sprünge entstanden sein. Denkt man sich dabei ein solches Flötz horizontal, so liefse sich annehmen, dafs dergleichen Senkungen nach der Falllinie der Klüfte entstanden. Da aber dasselbe eine Neigung hat, so mufste die Senkung einer Parthie des Daches nach einer Linie erfolgt sein, welche gegen die Schnittlinien eines oberen verworfenen Flötzes ziemlich rechtwinklich gerichtet ist.

In der südöstlichen Grundstrecke auf dem George-Flötz sah man eine Masse des Sandsteindaches durchs ganze Flötz und sogar noch in dessen Schieferthon-Sohle hinein niedersetzen. Läge hier über demselben ein zweites Flötz, so würde dieses durch einen $2\frac{1}{2}$ — 3° hohen Sprung und zwar nicht nach der Falllinie der Kluft verworfen zu finden sein.

Es ist daher wahrscheinlich, dafs durch ein Gesunkensein von manchen Gebirgsstücken, indem sie sich in weichere nachgebende Schichten eindrückten, nicht nur noch etwas gröfsere Sprünge entstanden sein mögen, sondern dafs dabei auch die Senkung gewöhnlich nicht der Richtung der Falllinie der Kluft folgen konnte.

§. 174. Wir glauben im Vorstehenden dargethan zu haben, wie gewisse Sprünge in oberen Schichten vorhanden sein, und in den darunter liegenden Bänken vermifst werden können. Jetzt wollen wir noch eine andere Art eines solchen Verhaltens, so wie die nicht selteneren entgegengesetzten Fälle, dafs untere Flötze durch kleine Sprünge verworfen sind, unterdefs darüber liegende grade fortsetzen, einer näheren Betrachtung unterziehen.

Es hat sehr viel Wahrscheinlichkeit für sich, dafs im Steinkohlen-Gebirge hie und da Verschiebungen nach Schichtflächen statt gefunden haben mögen (§. 200.), und zwar dürfte bei deren meist flacher Lage die Senkung nicht immer grade nach der Falllinie erfolgt sein, weil es denkbar ist, dafs nach dieser Richtung manchmal ein Widerstand statt finden mochte, welcher leicht die Richtung der Bewegung etwas modificirte. Stellt man sich nun vor, es sei die Friction, d. h. das Ineinandergreifen der Unebenheiten der übereinander liegenden Flächen auf einer Seite zu stark, oder ein sonstiger Widerstand vorhanden gewesen, der ein Fortgleiten nicht gestattete, dagegen sei dies auf der andern Seite möglich geworden: so mufste sich in der, auf jener Schichtfläche ruhenden, Gebirgsmasse eine von jener Fläche ausgehende Kluft bilden, nach welcher das sich senkende Stück von dem anderen daran verhinderten sich losrifs. — Die Senkungs-Richtung wurde aber durch die Lage dieser Kluft und diejenige der Schichtfläche zugleich bestimmt, und konnte nur dann der Falllinie der Schichten entsprechen, wenn die Linie, in welcher jene Kluft dieselben schneidet, mit dieser Falllinie gleichlaufend war *). In Beziehung auf jene Kluft war die Richtung dar Bewegung mit deren Grundlinie (auf der festgebliebenen Unterlage) parallel, also von ihrer Falllinie weit verschieden.

Wenn bei einem solchen Vorkommen die, auf jener Schichtfläche abgesetzten, Gebirgs- und Flötzlagen mit derselben ganz parallel laufen, so kann dabei keine Verwerfung derselben bemerkbar werden, sondern diese tritt erst dann ein, wenn jene Lagen ein abweichendes Fallen oder Streichen zeigen, was im Kohlen-Gebirge gar nicht selten der Fall ist (§. 147 und 148.). Es sind alsdann zweierlei Fälle zu unterscheiden:

a) Wenn das aufliegende Flötz eine flachere Neigung hat, als die untere Schicht, so entstand darin ein Sprung, welcher hinsichtlich der Lage der Flötztheile ganz mit einem gewöhnlichen spieseckigen Sprunge (§. 110.) übereinkommt, nur dafs sich hier der tiefere Flötztheil von dem anderen viel weiter entfernt hat, als dort, wo nehmlich die Fortbewegung nach der Richtung der Falllinie der Kluft nicht so weit statt zu finden brauchte, um doch die Schnittlinien um eben so viel als hier aus einander zu bringen.

Man vergl. Fig. 98., mit welcher wir ein solches Vorkommen anschaulich zu machen versuchen. In dieser ist *fgcdh* eine imaginaire Ebene, in ihr *aa* das Streichen des festgebliebenen Flötztheiles, *A* eine Schichtfläche in der Sohle des Flötzes, *C* aber die Querkluft. Nach diesen 2 Flächen *A* und *C* ist nun alles

*) Die Scheidungskluft konnte dann und wann auch so liegen, dafs sich der sinkende Theil von dem andern ganz entfernte, und es ist möglich, dafs auf diese Art die im Waldenburger Revier beobachteten, sogenannten Riegel entstanden, z. B. auf der Theresien-Grube.

aufliegende herabgerutscht, und zwar in der Richtung *aa'*, *bb'*, *dd'*, *hh'*, etc. — *ab* mit der Verlängerung *bc* ist die Schnittlinie des höhern Flötzstückes, *a'b'* die des anderen, dessen Streichlinie durch *a'a'* vorgestellt wird.

b) Wäre dagegen das, über der Schichtfläche *A* abgelagerte Flötz stärker geneigt, als diese: so nähern sich die Schnittlinien seiner beiden Theile im Einfallen der Grundlinie der Kluft, und die Theile mufsten sich übereinanderschieben (Fig. 99.). Dies Verhalten hat nun schon nicht mehr das Ansehn eines gewöhnlichen Sprunges, denn ausgegangen von dem Gesichtspunkt, dafs die Verschiebung nach der Falllinie der Kluft *ak* erfolgt wäre: so scheint sich hier das Hangende derselben in einer höhern Lage zu befinden, mithin das Ganze ein spieseckiger Uebersprung zu sein, was es aber in der That nicht ist. Dagegen hat dasselbe viel Analogie mit den §. 112. erwähnten Sprüngen, denn hier wie dort haben wir ein Tieferliegen des Hangenden und ein Uebereinandergreifen der Flötztheile; aber die Richtung der Bewegung war dort nach der Falllinie der Kluft, und hier nach einer mit der Grundlinie der Kluft (*dc*) parallelen Linie. Einen je stumpferen Winkel die Kluft mit der mehr besagten Schichtfläche macht, um desto mehr mufsten sich die, dadurch schiefer geschnittenen Flötztheile übereinanderschieben, so wie anderseits der Verwurf am kleinsten wird, wenn die Kluft gegen die Schichten rechtwinklich liegt.

Dafs von den beiden vorstehend betrachteten Fällen der letztere ungleich seltener als der erstere sein mufs, hat unverkennbar seinen Grund darin: dafs wenn in dem Gebirge mehrere verschieden geneigte Schichtflächen vorhanden waren, die Senkung gewifs eher nach derjenigen statt fand, welche das stärkste Fallen hatte, als nach einer andern. Nur unter besondern Umständen mag die Bewegung lieber auf einer flacheren Ebene erfolgt sein, wie z. B. wenn auf letzterer eine geringere Friction vorhanden war u. s. w.

§. 175. Wir haben bis jetzt hier angenommen, dafs die von der Schichtfläche ausgehende Verwerfungskluft durch alle obern Flötzbänke fortsetze; es ist aber sehr möglich, dafs dies nicht immer der Fall war, sondern dafs sich dieselbe wieder in eine andere Schichtfläche verlaufen kann, und dadurch mufste das, was über der letztern Fläche abgesetzt ist, in ununterbrochenem Zusammenhange mit dem auf ersterer Schicht herabgleitenden Gebirgsstücke bleiben. Auf diese Art wird es erklärlich, dafs bei unparallelen Flötzbänken manche kleineren Sprünge oder auch Uebersprünge in gewissen Flötzen vorhanden, in anderen höhern oder tieferen Flötzen aber nicht zu treffen sein können.

Auch wird man leicht übersehen, dafs bei dergleichen Verhältnissen der Verwurf eines Flötzes von dem eines andern darüber oder darunter liegenden sehr verschieden ausfallen konnte.

§. 176. Je einfacher es ist, die meisten Sprünge durch Senkungen des Hangenden zu erklären, um so leichter könnte man auf den Gedanken kommen, auch die Uebersprünge sämmtlich in vorstehender Art zu erklären, dafs nehmlich nur durch solche Bewegungen in verschiedenen von der Falllinie der Kluft abweichenden Richtungen, die Lage der Flötztheile bestimmt sei, mithin sich hier nur scheinbar das Hangende in einer höhern Lage befinde. So kann z. B. sogar der ansehnliche Uebersprung auf dem 16ten Flötz der Fuchs-Grube (§. 127.) füglich auf die Weise entstanden sein. Allein eine solche Voraussetzung läfst sich doch nicht verallgemeinern, weil andere Vorkommnisse bestimmt beweisen, dafs bei ihnen das Hangende wirklich höher sei, als das Liegende. Sie ist z. B. da gar nicht anwendbar, wo die Verwerfungskluft ganz oder beinahe streichend liegt (§. 117. u. f.), am allerwenigsten aber bei dem Falle (§. 119. Fig. 55.), der in der Natur so deutlich beobachtet ist. Bei dem 9 Lachtr. hohen Uebersprunge auf der comb. Abendröthe (§. 125.) zeigen die Kluftflächen eine sehr deutliche Streifung nach der Falllinie, welche die Bewegungs-Richtung bestimmt anzeigt. Der Uebersprung auf der Friedrich Gegentrum Grube (§. 120. Fig. 81.) ist unverkennbar durch eine Senkung des Liegenden entstanden, denn dies macht von dem gleichlaufenden Sprunge das Hangende u. s. w.

So viel ist aber sicher, dafs bei einem wirklichen Uebersprunge, er mag nun durch Hebung des Hangenden oder Sinken des Liegenden entstanden sein, der im §. 17. aufgestellte Grundsatz keine sichere Anwendung finden kann, und nur in den Fällen an der Bewegung in der Falllinie der Kluft nicht zu zweifeln ist, wenn entweder die letztere mit der Kluft eines anderen gewöhnlichen Sprunges parallel läuft, oder eine Streifung ihrer Flächen darüber Aufschlufs giebt, oder auch solche Verhältnisse an den Abschnittspunkten statt finden wie oben §. 168. angegeben sind.

§. 177. Wenn, wie in §. 174. gezeigt ward, die Senkung eines Gebirgsstückes zugleich durch die Lage einer Schichtfläche und die einer Kluft bestimmt sein kann: so ist es ebenfalls denkbar, dafs die Fortbewegung eines Gebirgsstückes auf anderen Punkten durch die Lage zweier Sprungklüfte bestimmt wurde, und dann konnte ihre Richtung nicht zugleich in die Falllinie beider treffen (nur etwa den Fall ausgenommen wenn dieselben seiger sind), sondern entweder nur in die Falllinie der einen oder in die der andern; oder die Bewegung erfolgte in einer mittleren Richtung und zwar am natürlichsten nach der Linie, in welcher beide Klüfte muldenförmig zusammenstofsen.

Da aber bei dem Zusammenvorkommen einer Mehrzahl von Sprüngen, die Klüfte derselben gewöhnlich ein meist nur wenig verschiedenes Streichen zu haben pflegen, und deren Verflächung fast immer steil gefunden wird: so konnte die Senkungs-Richtung von der Falllinie der Klüfte nicht bedeutend verschieden sein.

§. 178. So wenig also zu läugnen ist, dafs Ausnahmen von der Hauptregel nicht nur theoretisch möglich, sondern auch durch wirkliche Vorkommnisse zu beweisen sind: so ist doch anderseits unverkennbar, dafs dergleichen Abweichungen einestheils nicht erheblich sind, anderntheils nur bei manchen kleinen und untergeordneten Sprüngen ganz unverkennbar getroffen werden.

Es gründet sich daher die Annahme, dafs die Theile eines Flötzes durch den Sprung nach der Richtung der Falllinie seiner Kluft auseinander gerissen sind, nicht nur auf die gewöhnlichsten Vorkommnisse, sondern auch auf alle gröfseren Erscheinungen dieser Art; und obgleich es einseitig sein würde, die möglichen und wirklichen Ausnahmen nicht auch einer sorgfältigen Betrachtung zu würdigen: so scheinen sie uns doch von keinem solchen Gewicht, um deshalb von einer Regel abzugehn, ohne welche es unmöglich wäre in die goniometrischen Betrachtungen dieses ganzen Abschnitts eine gewisse, die Uebersicht erleichternde, Ordnung zu bringen.

Zweiter Abschnitt.

Entstehung der Sprünge.

§. 179. Die erste Frage, welche uns bei der Forschung über die Bildungsart der Sprünge im Steinkohlen-Gebirge entgegentritt, ist wohl die:

ob man sich einen Sprung zugleich mit den Absätzen dieses Gebirges entstanden denken kann?

Hierauf eingehend, müfste man zuvörderst annehmen, dafs auf der Unterlage, welche den Schichten zum Niederschlage dargeboten war, hie und da scharfe und steile Absätze vorhanden gewesen sind, deren Höhe den Höhen der Sprünge, wie wir sie jetzt finden, entsprach. Auf dieser Unterlage habe sich nun jede Schicht so abgelagert, dafs sie sich auf der höheren Seite des Absatzes eher auflegte, auf der anderen tieferen dagegen weiter herabsenken mufste, ehe sie zur Ruhe kam.

Bei gleichmäfsigem Niederschlage wurde nun jede Schicht dies- und jenseits gleich stark; auf der steilen Fläche des Absatzes selbst vertheilte sich der Niederschlag, und dies wäre nun die Masse, welche wir als den Inhalt der Sprungkluft ansprechen. M. s. Fig. 112. Taf. IX. im Profil, worin die ungestörte Lage der Schichten söhlig angenommen ist.

§. 180. Auch abgesehen davon, dafs man im Steinkohlen-Gebirge wohl kaum einen solchen ruhigen senkrecht niedergegangenen Absatz voraussetzen kann: so erklärt man mit einer Hypothese, wie mit vorstehender, immer nichts weiter, als die höhere Lage eines Flötzstückes gegen ein anderes, und eigentlich auch diese nicht einmal, weil man den dazwischen liegenden Sprung Absatz schon als gegeben ansieht. Mit allen anderen einen Sprung bezeichnenden Erscheinungen setzt man sich aber unverkennbar in den gröfsten Widerspruch. Denn:

1) ist jene Annahme bei allen Sprüngen, wo lothrechte Deckung vorhanden, ganz unhaltbar (Man vergl. Fig. 29. 31. u. a. m.)

2) entsprechen die Bestege (§. 13.), welche man hin und wieder als Flötzfortsetzungen in den Klüften antrifft, keineswegs solchen Verbindungen beider Theile, wie sie eine blofs steilere Unterlage hätte veranlassen können. Selbst bei 70 Grad Neigung eines solchen Absatzes, würde ein sonst horizontal gelagertes Flötz von 1° Stärke, sich noch immer 27 Zoll mächtig zeigen müssen *).

Wer hingegen etwa einwenden wollte, dafs sich die Flötzmasse auf einer so steilen Fläche wohl nicht so gleichförmig auflegen konnte, möge berücksichtigen, dafs er, um consequent zu sein, alle späteren Veränderungen der Schichtenlage in Abrede stellend, auch die stehenden (über 45 Grad fallenden) Steinkohlen-Flötze für ursprünglich so abgesetzt ansehen mufs.

3) müfste die Mächtigkeit dessen, was hier als Inhalt der Sprungkluft zu betrachten ist, mit der Höhe des Sprunges in einem gewissen Verhältnifs stehn. Ju Fig. 112. z. B. würde sich die seigere Sprunghöhe zur Breite der über der steilen Unterlage abgelagerten Masse verhalten, wie in dem rechtwinkligen Triangel *bde*, *eb*:*ed* oder wenn *eb* dem Halbmesser gleich gesetzt wird, wie Rad.

---

*) Man ersieht dies aus Fig. 112. denn im △ *abc* verhält sich *ab*:*ac* = rad.:cosin. B° oder wie die gewöhnliche Flötzmächtigkeit zu derjenigen über dem Sprung-Absatze. Bei geneigtem Flötz wird der Unterschied zwischen beiderlei Mächtigkeit noch geringer.

zur Cotangente für den Fallwinkel des steilen Absatzes. Bei 70 Grad Verflächung und 30 Lachter Seigerhöhe müfste jene Masse ohngefähr 11 Lachter Stärke zeigen. Dies ist aber nicht der Fall, sondern man hat sogar bei den gröfsten Sprüngen den Theil eines gewissen Flötzes mit dem eines anderen im jenseitigen Gebirgsstück in unmittelbarer Berührung stehen sehen.

4) Müfsten die Grenzen der, über der schiefen Fläche abgesetzten, Masse immer ziemlich seiger sein, was Sprungklüfte doch nur höchst selten sind.

5) Würden sich sowohl die oberen sattelförmigen, als die unteren muldenartigen Kanten des Absatzes jedenfalls im Verfolg der Niederschläge nach und nach abgerundet haben; es könnte also auch

6) wie sogleich aus Fig. 112. zu ersehen ist, auf diese Art gar nichts einer Sprungkluft ähnliches vorhanden sein, welche die Flötzlagen durchschneidet, was aber doch überall entschieden beobachtet wird.

7) Darf man nur die §. 45. aufgestellten grofsen Niveau-Unterschiede berücksichtigen (welche nahe bis zum vierten Theil der ganzen Mächtigkeit des Steinkohlen-Gebirges bei Hermsdorff betragen), um einen solchen Absatz undenkbar zu finden. Endlich

8) ergiebt sich auch die Unzulänglichkeit der obigen Hypothese, wie gesagt, schon daraus, dafs sie noch einer zweiten bedürfte, um die Entstehung jenes steilen Absatzes der Unterlage zu erklären. Denn es mag sein, dafs man im Steinkohlen-Gebirge oft bemerken kann, wie gewisse Schichten nach dieser oder jener Richtung hin an Stärke zu- oder abnehmen. Ein solcher Wechsel in hohen scharfen Abstufungen ist nicht nur nicht beobachtet, sondern auch mit der ganzen Bildungstheorie dieses Gebirges völlig unvereinbar. Ist man aber hiernach genöthigt, die Ursache der Sprungabsätze tiefer zu suchen, so stöfst man zuletzt auf das Urgebirge, in wel-

chem die Gänge so ganz unläugbar auf nach der Bildung erfolgte Trennungen und Verrückungen hinweisen, und es ist kein Grund denkbar, warum sich dies Phänomen nicht auch in die aufliegenden Massen fortgesetzt haben, und in diesen nicht eben so entstanden sein sollte, als in jenem.

Obwohl sich zugeben läfst, dafs manche dieser Verschiebungen in einem Gebirge älter sind, als die Auflagerung jüngerer Formationen: so dürfte doch bei ganz gleichen Erscheinungen auf gleiche Ursache zu schliefsen sein.

Wir werden bald sehen, dafs im Steinkohlen-Gebirge auch ohne Sprünge Flötzlagen vorkommen, welche nur durch spätere Einwirkungen erklärbar werden. Haben aber einmal dergleichen statt gefunden, warum wollte man sie nicht in einer weitern Ausdehnung gelten lassen, wenn ohne sie alles nur gezwungen und unvollkommen gedeutet werden kann? — Wir glauben daher aus vorstehend entwickelten Gründen, denen sich leicht noch mehrere hinzufügen liefsen, uns gegen die Idee von einer ursprünglichen Bildung der Sprünge erklären zu müssen.

Erstes Kapitel.

Ueber Veränderung der Schichtenlage.

§. 181. Es steht jetzt ziemlich allgemein fest, dafs die Hauptmasse des Steinkohlen-Gebirges eine Verbindung von Trümmern vorstelle welche älteren Formationen entrissen wurden, so wie dafs Zerstörung und Neubildung besonders in den Wirkungen eines mehr oder weniger bewegten Gewässers zu suchen sei. Mag auch wohl die Entstehung der Kohlenflötzmasse selbst noch lange nicht genügend nachgewiesen sein, es unterliegt doch keinem Zweifel, dafs sie vegetabilischen Ursprungs, d. h. auf dem Untergange einer üppigen Pflanzenwelt beruhe. Die Umwandlung selbst kann sich allerdings nur auf einen gewissen chemischen Procefs gründen, und scheinen dergleichen auch noch bei einigen untergeordneten Vorkommnissen wirksam gewesen zu sein. Der Hauptsache nach haben wir aber im Steinkohlen-Gebirge blofs mechanische, aus der Kraft der Schwere und der Adhäsion abzuleitende Productionen zu suchen, und zwar so, dafs erstere — wahrscheinlich durch die Bewegung des Gewässers modificirt — den Niederschlag und Absatz, und letztere die Vereinigung der niedergesunkenen Theile bewirkte.

§. 182. Der krystallinische Niederschlag kennt zwischen dem flüssigen und dem starren Zustande keine Mittelstuffe. Dagegen mufs dort, wo blofse Adhäsion thätig war, ein allmäliger Uebergang aus dem Liquiden in das Feste statt gefunden haben, der sich uns als das plastisch Teigartige repräsentirt.

Dieser letztere Zustand, characterisirt durch die Möglichkeit einer Verschiebung der einzelnen Theilchen ohne zu reifsen, und noch weniger zu brechen, kann nach Beschaffenheit der Masse längere oder kürzere Zeit gedauert haben. Je geneigter z. B. dieselbe war, das mechanisch mit ihr verbundene Wasser festzubalten, um desto langsamer kam sie zur völligen Festigkeit, und umgekehrt; wobei jedoch die Temperatur und der Druck des Aufliegenden eine wesentliche Rolle gespielt haben mögen. Letztere beiden gleichförmig angenommen, läfst sich vermuthen: dafs je grobkörniger die Schichten, d. h. je gröfsere unzermalmte oder ungelöste Trümmer sie enthalten, um desto rascher mufste ihre Austrocknung erfolgen.

Denn diese betraf dann nur das in geringerer Menge vorhandene kieselige oder thonige Bindemittel, wogegen die mehr, oder auch ganz aus letzterem gebildeten

Schichten weit länger in einem plastischen Zustande verharrten. Man kann also voraussetzen, dafs dieser bei den Conglomeraten am kürzesten, bei den Sandsteinen schon länger, und am längsten bei den Schieferthonen, bei diesen aber um so länger angehalten hat, je sandfreier und feiner sie sich zeigen. Die Letten-Lagen, welche man hin und wieder antrifft, stellen noch heute einen solchen Zustand vor.

§. 183. Was daraus in Bezug auf manche Sprung-Verhältnisse zu folgern, soll weiter unten gezeigt werden. Hier kommt es zunächst darauf an, darzuthun, wie bei einem solchen allmäligen Uebergange anzunehmen ist, dafs die Absätze auf einer sehr steilen Unterlage entweder gleich nicht haften konnten, oder doch bei Bildung der nächstfolgenden Schicht zum Theil wieder gelöst oder zerrissen werden mufsten.

Es ist nur zu wahrscheinlich, dafs die Schichten durch ein wiederholtes Heranfluthen des Gewässers an gewissen Uferrändern abgesetzt wurden. Darum zeigen sich Conglomerate im Ausgehenden am grobkörnigsten *) und verhinderten, vermöge der zu ihrem Absatze erforderlichen starken Kraftäufserung, alle Kohlenflötzbildung; darum ist, wo Conglomerat oder Sandstein das Dach eines Flötzes bilden, die Scheidungsfläche gern so uneben, und eben darum sind die feinen und milden Schieferthone, deren Absatz auf sanfte Wasserbewegung, oder auch vielleicht auf völlige Ruhe desselben schliefsen läfst, in Schichten von bewundernswürdiger Ebenheit niedergelegt.

Mit einer solchen Idee ist aber die Annahme einer steilen Unterlage unvereinbar, und wenn auch die ersten Schichten des Kohlengebirges wirklich hie und da eine solche vorgefunden hätten: so würde sich dieselbe im

*) Archiv IV. Seite 24

Verfolg der weiteren Absätze gewifs immer mehr abgeflächt haben. Man trifft aber eben so gut stehende Flötze im Dache von schwebenden, als umgekehrt.

Dazu kommt ferner noch, dafs das Auftreten steiler Schichten gewifs häufiger, gleichförmiger und in mehr allmäligem Verlaufen ins Flachfallende zu finden sein würde, wenn es mit der Bildung zugleich gegeben wäre; wogegen ihr lokales Vorkommen, und die im Fortstreichen oder in der Neigungs-Richtung oft sehr raschen Uebergänge ins flachere schon darauf hindeuten, dafs die Ursache nicht in der Masse des Kohlengebirges, sondern in einer aufserhalb demselben liegenden Kraftäufserung zu suchen sei.

Wollte man jedoch alles dies noch nicht als genügende Beweise gelten lassen: so mufs man doch zugegeben, dafs dort, wo die Schichtenlage ganz in den seigern Stand übergeht, oder gar überhangend wird *), dies nicht als ursprünglich gedacht werden kann. Gegen den etwaigen Einwand aber, dafs ein solches Vorkommen am Hochberg bei Gottesberg und an einigen andern Punkten an der Grenze mit dem Porphyr, nur eine isolirte Einwirkung des letztern gewesen, und nicht allgemein anwendbar sei, erlauben wir uns, auf die Lagerungsverhältnisse der Flötze auf den älteren Hultschiner-Gruben in Oberschlesien hinzuweisen, wo keine dergleichen aus dem Innern hervorgestiegene Massen vorhanden sind.

Hier sieht man mehrere Flötze nicht nur höchst steil einstürzen, sondern im Fortstreichen gegen Nordwesten allmälig eine ganz senkrechte Stellung annehmen, und weiterhin das, vorher nordöstliche Einfallen in ein südwestliches umkehren.

*) Archiv IV. S. 67. etc. und Seite 112. etc. nebst Fig. 1. und 4. Taf. 1.

§. 184. Wo ein oder das andere Flötz sich allmälig oder plötzlich aufrichtet, wo es sich mulden- und sattelförmig wendet, und oft einem steilen Flügel ein flaches Fallen entgegenstellt: da müfste man, wenn diese Lage mit dem Absatze gegeben wäre, gewifs erhebliche Unterschiede in seiner Mächtigkeit finden. Denn wie man auch die Flötzbildung erklärt, es ist einleuchtend, dafs steilere Unterlagen ihr weniger günstig sein mufsten als flachere, dafs nämlich auf dieser stärkere Flötze entstanden als auf jener, also auch bei Bildung eines Flötzes dies überall um so stärker sein sollte, je sanfter die Neigung seiner Unterlage. Dies ist aber nicht der Fall.

§. 185. Demnach dürfte wohl kaum zu bezweifeln sein, dafs eine Schichtenlage, welche über 40 bis 45 Grad hinausgeht, Folge einer späteren Einwirkung sei, und zwar entweder einer Hebung oder einer Senkung.

§. 186. Alle Hebungen lassen sich in zwei Haupt-Abtheilungen bringen. In die erste rechnen wir die grofsen Phänomene, wo ganze Continente oder Gebirgsgruppen aus der Tiefe hervortauchten, gegründet auf mächtige wahrscheinlich den ganzen Erdball betroffene Einwirkungen, etwa Veränderung der Axe, des Schwerpunktes etc. In die zweite aber die kleineren mehr localen Erscheinungen, wo vulkanische Kräfte im Inneren thätig wurden, die widerstehende Decke hoben, oder sie auch zuletzt durchbrachen. Noch eine dritte Art von Hebung ist dadurch denkbar, dafs sich ein festes, dem Zerbrechen hinreichend widerstehendes Gebirgsstück auf einer Seite senkte und sich gleichzeitig an seinem andern Ende emporhob. Man könnte dies Verkippung nennen.

Die erstere Art von Hebung ziehen wir hier nicht weiter in Betracht da wir nichts dazu beitragen können, um das darüber schwebende Dunkel zu lichten, sondern nehmen sie blos als eine Thatsache an, deren Vorhandensein eben so wenig bezweifelt, als ihre Ursache genügend nachgewiesen werden kann.

Die zweite Art aber mufs man Anstand nehmen, in zu grofser Allgemeinheit gelten lassen zu wollen, da sie nur dort mit Evidenz vorausgesetzt werden kann, wo zugleich auch noch andere Beweise vulkanischer Wirkungen vorhanden sind. Die dritte Art endlich dürfte an sich selbst von untergeordneter Bedeutung sein, besonders in einem Gebirge wie das der Steinkohlen-Formation; wo man keinen erheblichen Zusammenhalt findet. In ihr haben wir eine Vereinigung von Hebung mit Senkung, ja eigentlich erstere als Erfolg der letzteren.

Aber auch bei den anderen Arten kann man sich eine Erhebung, sie mag nun mehr oder weniger ins Grofse gegangen sein, kaum denken, ohne dafs nicht gleichzeitig oder hinterher wieder Senkungen eingetreten wären, weil sich nicht gut voraussetzen läfst, dafs die gehobene Masse sogleich und in allen ihren Theilen zur Ruhe gekommen sei.

§. 187. Alle Senkungen sind das Resultat der in allen Theilen eines solchen Stückes wirksam gewordenen Kraft der Schwere. Je einfacher aber dies ist, um desto angenehmer wäre es, wenn sich dadurch alle hier in Betracht kommenden Erscheinungen erklären liefsen. Diefs ist indessen, wie der Verfolg lehren wird, nicht ganz durchzuführen. Was aber nur irgend durch Senkung erläutert werden kann, werden wir nicht unterlassen so zu deuten, und nur dann noch andere Ursachen suchen, wenn die Annahme der Senkung entweder gar nicht zuläfsig ist, oder doch nicht ausreicht.

§. 188. Wo auf grofsen Flächen recht gleichförmige Einwirkungen der hier in Rede stehenden Art warzunehmen sind, da ist, wenn beiderlei Erklärungen in gleichem Grade zuläfsig wären, die Senkung schon an sich selbst wahrscheinlicher. Wo daher auf bedeutende Längen steile Schichten getroffen werden, möchte eher anzunehmen sein, dafs ihre Stellung nicht durch Hebung der Schichtenköpfe, sondern durch eine Senkung an ihrem Fufse erfolgt sei. Wo hingegen nur partielle Aufrichtungen oder kleine Ueberhänge vorkommen, scheit auch eine Hebung glaublich, namentlich in der Nachbarschaft vulkanischer Gebilde.

Wo hinter stehenden Flötzen schwebende lagern, ist aber eine Hebung ganz unhaltbar, wogegen das Umgekehrte auch durch Senkungen hervorgebracht sein kann. Denn man denke sich, dafs zwischen den Ausgehenden der beiderlei Flötze eine muldenbildende Senkung statt gefunden: so mufsten die untern Flötze nach oben hin eine weit steilere Neigung erhalten, als die hangenden. Es möge dies Fig. 113. anschaulich machen und wird bemerkt, dafs auf der Rudolph-Grube im Glätzischen ein solches schwächeres Fallen der hangenden Flötze beobachtet wurde, während die Neigung der Liegenderen am Ausgehenden ganz steil, in der Teufe aber flach ist.

§. 189. Wir sehen hier den Anfang einer Muldenbildung und verfolgen dies weiter.

Ein Blick auf die Mulden an den Seiten des Hochwaldes und Hochberges, mit ihren stehenden, stellenweise sogar überhangenden Flügeln, zeigt sogleich, dafs man hier den Erfolg späterer Einwirkungen auf die Flötzlagen vor sich habe *), und zwar wohl meist von Senkungen. Denn selbst das Ueberhangen am Ausgehenden ist durch eine Senkung erklärlich, weil dieselbe ja nicht blofs in seigerer Richtung statt zu finden

*) Archiv IV. Taf. I. Fig. 1. 2. und 4.

brauchte, sondern auch ein langsames Verziehen der Masse nach einer Seite, etwa unter eine festgebliebene überhangende Fläche hin, veranlassen konnte.

§. 190. **Sattelförmige Ablagerungen** hingegen dürften, wenn man sie nicht als ursprünglich ansehen kann, wohl oft als Erfolg von Hebungen anzusprechen sein, besonders wenn die Veranlassung dazu in aus der Tiefe heraufgekommenen Massen in der Nähe aufgefunden werden kann. So z. B. die beiden scharfen Sattel auf der Weissig- und Bergrecht-Grube *), die wie zwei steile Bergkämme einander gegenüberstehen, und wo man vergebens ein Wiederherausheben der Flötze am ganz nahen Grundgebirge gesucht hat.

Flache Sattelkoppen können aber bisweilen durch Einsenkungen der beiden Flügel erklärt werden, besonders in Gegenden wo sonst keine Spuren von Hebung zu finden, oder wo die Sattel als Folge von angrenzenden Muldenbildungen anzusprechen sind.

In diese Betrachtungen weiter einzugehen, scheint hier nicht angemessen, indem es vorzugsweise nur darauf ankam zu zeigen, dafs Lagen Veränderungen nach dem Absatze der Schichten statt gefunden haben.

§. 191. Im Allgemeinen mufs bei dergleichen Einwirkungen die Masse in einem noch nicht zur Starrheit gekommenen Zustande gewesen sein. Denn sonst würde man an solchen Stellen, wo verschiedene geneigte Schichten zusammenstofsen, die Schichten nicht, wie gewöhnlich, gebogen, sondern geknickt, und sogar gebrochen, und manche anderen Verhältnisse ganz unerklärlich finden. Man stelle sich z. B. vor, es sei die Kraft der Schwere an einem gewissen Punkte auf horizontale Schichten wirksam geworden: so mufsten, wenn diese fest waren, in ihnen Spalten entstehen, von denen die

---

*) A. a. O. S. 62.

mittelste nach unten, die an den Seiten aber nach oben hin sich um so mehr erweiterten, je tiefer die Senkung fortging. In der Muldenmitte konnte nur die oberste Schichtfläche in ununterbrochener Verbindung bleiben, alle anderen treten hier auseinander (Fig. 114.). Dies ist nun aber nirgends der Fall, und wenn auch Flötze in engen Mulden und auf scharfen Satteln hie und da nicht gleich mächtig, ja auch wohl unterbrochen gefunden werden, so geht dies doch nicht etwa spaltenartig durch die Schichten fort, sondern es läfst sich meist ein Besteg oder wenigstens die Ablösung zwischen Dach und Sohle verfolgen, wodurch die Verbindung angedeutet wird. Man sieht also hier ganz klar, wie die Masse sich in allen ihren Theilen bewegt, oder gleichsam verzogen hat, und dafs sie sich, um dies zu können, in einem teigartigen nachgebenden Zustande befinden mufste.

Es fehlt an directen Beobachtungen, ob und in wie weit die groben Conglomerate und Sandsteine, welche wahrscheinlich am ersten zur Starrheit gelangten, an solchen Vorgängen Antheil genommen; aber der Schieferthon als gewöhnlicher Träger der Steinkohlenflötze war ganz dazu geeignet, in solche Verziehungen einzugehen. Denn es ist glaublich, dafs manche seiner Lagen sogar in ihrem heutigen Adhäsions-Zustande, unter einem allmälig fortwirkenden Drucke stehend, noch erheblichen Biegungen ausgesetzt werden könnten, ohne ein wahres Brechen zu zeigen.

§. 192. Die Steinkohle selbst dürfte bei weitem weniger geeignet gewesen sein, solche Verziehungen gleichförmig mitzumachen. Jedes Flötz, ja sogar jede Bank in demselben, pflegt oft auf hunderte von Lachtern eine ziemlich gleichförmige Beschaffenheit zu haben, die bei der Bildung, wenn nicht ganz gegeben, doch gewifs vorbereitet war. Im Kleinen der ausgezeichnet muschlige Bruch, im Grofsen die ziemlich regelmäfsige Absonderung in cuboidische Bruchstücke, wobei, mit dem einen Durchgange parallel, Haupt-Abtheilungen durch die ganzen Bänke quer durchgreifen, und dies auf allen unter einander liegenden Flötzen meist übereinstimmend — sind ganz besondere nur der Kohle zukommende Eigenthümlichkeiten, und obwohl wir weit entfernt sind, in dieser Absonderung etwas Krystallinisches sehen zu wollen: so mufs doch zugegeben werden, dafs hier keine blofse Zusammenhäufung adhärirender Partikelchen anzunehmen ist, sondern dafs diese Masse einen gleichförmig dichten Zustand zeigte, der wenigstens in so weit als Kohäsion anzusprechen ist, als man selbige überhaupt dort gelten lassen mufs, wo sich die mechanische Zusammensetzung dem Auge entzieht. Hiernach scheint es dann auch, dafs die Kohle eher zur vollkommenen Starrheit gelangte, als die sie einschliefsenden Gebirgsarten. Ihre muthmafsliche Bildungsweise braucht hier nicht in Betracht zu kommen. Wohl aber ist es nöthig zu bemerken, dafs auf die jetzige Beschaffenheit der Druck des aufliegenden Daches gewifs von dem wesentlichsten Einflufs war. Dieser Druck bleibt so lange derselbe, als die natürliche Spannung in der Auflage sich nicht ändert. Denkt man sich letztere aber an der einen oder andern Stelle vermindert, oder gar aufgehoben, so mufs diefs auf die Kohle von Einflufs werden.

Aus Vorstehendem dürfte sich ergeben, dafs die Kohlenflötze bei bedeutenden Verziehungen der Gesammtmasse wohl nicht fähig waren, daran sogleich förmlich Antheil zu nehmen, wie etwa milde Schieferthone. Vielmehr ist es wahrscheinlich, dafs wenn in einem solchen Flötze ein locales Auseinanderzerren eintrat, hier leichter eine bedeutende Verschmälerung oder gar eine völlige Auflösung des ursprünglichen Zusammenhanges hervorgebracht wurde. An einem solchen

Punkte fand natürlich auch eine Verminderung der Spannung im Dache und Vermehrung des Druckes statt, welcher dann wohl so weit gehen konnte, dafs er die Kohle zermalmte *) hin und wieder auch mit dem umgebenden Schieferthon gleichsam verküttete.

Für das Stattgefundenhaben solcher Vorgänge scheint auch die Beobachtung zu sprechen, dafs Verdrückungen bisweilen ziemlich an derselben Stelle auf oberen und untern Flötzen zugleich vorkommen. Hieraus wird nun erklärlich, dafs man bei scharfen Biegungen der Flötze in Mulden und Satteln, dieselben oft sich plötzlich verschwächen, ganz ausspitzen, und dann hinter solchen Verdrückungen wieder anlegen sieht, so wie dafs dies auf diesem oder jenem der Flötze sich etwas anderes gestaltet, als auf einem nahe darüber oder darunter liegenden. Auch stimmt die, dann gewöhnlich wenig compacte, verworren schiefrige, oft sogar ans erdige grenzende, oder auch mit Letten verunreinigte Beschaffenheit der Kohle sehr gut mit obiger Erklärungsweise überein.

In allen solchen Verhältnifsen sehen wir eine Ausdehnung der Schichten, welche die Kohle vermöge ihrer, von der Umgebung verschiedenen, Beschaffenheit nicht so vollkommen mitmachen konnte, als diese. Es ist aber nun auch möglich, dafs an manchen Punkten ein gewifses Zusammendrängen der Masse statt fand, und hierin dürfte der Grund zu finden sein, warum bei unregelmäfsiger Lagerung der Flötze, das eine oder das andere derselben hin und wieder eine wulstartige Verstärkung

*) Bei dem Kohlenflötzbau kann man oft die Beobachtungen machen, dafs die gegen den vorangegangenen Abbau liegenden Pfeiler, an dieser Grenze so stark in Druck kommen, dafs sie beim Heraushauen weit weniger Stückkohlen geben, als sonst auf dem Flötz gewonnen worden. Die Arbeit geht dabei um vieles leichter.

zeigt, in welcher dann auch die Kohle eine verworrene schiefrige und schlechtere Beschaffenheit als sonst zu haben pflegt. Viele Beispiele hierzu liefern die Gruben Bergrecht, Weifsig, Fixstern, Goldne Sonne, Laura und andere in Niederschlesien; in Oberschlesien besonders die Hultschiner Gruben.

Zweites Kapitel.
Von den Senkungen.

§. 193. Die Annahme aller gröfseren Senkungen führt nothwendig in die, dem Steinkohlen-Gebirge unterliegenden älteren Massen. Da wir aber in diesen selbst auch keine Ursachen dazu vorfinden, vielmehr überall, wo sie aufgeschlossen sind, beobachten können, dafs in ihnen auch schon Trennungen und Verschiebungen von Massenstücken vorgekommen: so haben wir den Grund aller solchen Erscheinungen natürlich noch tiefer zu suchen, mithin unter allen bekannten Formationen.

§. 194. Wenn eine Masse sich senken soll: so ist dazu ein hohler Raum erforderlich, und dieser kann auf dreierlei Art hervorgebracht sein.

Erstens. Durch Aenderung des Kohäsionszustandes von den im Innern der Erde vorhandenen Substanzen, durch den Uebergang des Gasförmigen ins Tropfbarflüssige, oder aus diesem ins Feste, und hieran schliefst sich die Zusammenziehung bereits fester Massen durch Wärme Abnahme, oder auch durch Austrocknung.

Zweitens dadurch, dafs Substanzen von denen die Räume vorher erfüllt waren, zu Tage stiegen. Diese können sich dabei in einem sehr verschiedenen Zustande befunden haben, indem sie:

a) gasförmig

b) tropfbar flüssig oder

c) plastisch teigartig, kaum aber wohl je einmal
d) ganz fest waren.

Die Explosionen von Gasen und Dämpfen, und das Emporkommen von Tropfbarflüssigem, spielt noch heute bei den Vulkanen eine wesentliche Rolle, und es können ähnliche Erscheinungen auch jene mehr mittelbar vulkanischen Eruptionen begleitet haben, welche in die Bildungsperiode der Flötz Gebirge fallen. Viel Gewicht ist aber hierauf nicht zu legen, weil die Gase und Dämpfe nicht etwa lange vorher, sondern erst kurz vor dem Ausbruch sich entwickelt haben mögen, also ihr Urstoff keinen sonderlichen Raum eingenommen haben dürfte. Auch die Wasser Ausbrüche kann man sich als ein bloſses Herauswerfen des von der Oberfläche Eingedrungenen denken.

Diejenigen Massen hingegen, welche als ein Continuum und als (aus hier nicht zu verfolgenden Gründen) aus dem Innern hervorgedrängt anzusehen sind, lieferte die Production in einer der jetzigen gleichen Beschaffenheit, nur daſs sie sich dabei unverkennbar in einem zähflüssigen Zustande befanden.

Drittens endlich, läſst es sich wahrscheinlich finden, daſs bei den §. 186. gedachten groſsartigsten Erhebungen ganzer Erdflächen, hin und wieder Räume hohl wurden, deren Decke hernach zusammenstürzte.

Die erste dieser Ursachen kann man sich zwar in sehr ausgedehntem Umfange denken, doch wird damit die Entstehung der einzelnen Sprünge nicht erklärt. Was aber im besonderen die Contraction fester Massen betrifft, so werden wir diese noch weiter unten näher betrachten.

Die zweite Ursache kann, wie schon einmal (§. 186.) bemerkt, nicht allgemein gelten, so wenig auch in Abrede zu stellen ist, daſs dort, wo einmal dergleichen Wirkungen vorhanden waren, dies von dem wesentlichsten Einfluſs auf das hier behandelte Phänomen sein mochte. Denn die zu Tage gestiegenen Massen hinterlieſsen jedenfalls hohle Räume, und muſsten, weil sie im Innern gewiſs ungleich ausgebreiteter waren, Senkungen groſser Flächen veranlassen.

Die dritte Ursache ist aber von der allgemeinsten Bedeutung, und es lassen sich, wie der Verfolg lehren wird, damit alle übrigen Verhältnisse am besten in Einklang bringen.

§. 195. Wir sehen nunmehr einmal die Zerstückung etc. des unterliegenden älteren Gebirges als gegeben an, und untersuchen welchen Einfluſs dies auf das Kohlen Gebirge ausüben muſste?

Zuvörderst ist zu bemerken, daſs in diesem die Sprungklüfte zwar ein steiles Fallen zu zeigen pflegen, doch nicht in dem Grade wie die Gänge, und daſs ein seigerer Stand, oder gar ein partielles Umkehren der Neigungs-Richtung in die der gewöhnlichen entgegengesetzte, wie diese mitunter annehmen, bei jenen unter die auſserordentlichen Seltenheiten gehört.

Schon dieser Umstand führt zu der Vermuthung, daſs die Masse bei der Sprung-Entstehung noch keine vollkommene Festigkeit haben konnte. Denn man denke sich unter einem ganz festen Gestein eine Höhlung, wodurch in dem darüber liegenden Theile desselben die Schwere wirksam wurde, und dabei selbiges so stark oder mächtig, daſs kein solches Brechen möglich war, wie in Fig. 114. dargestellt ist: so wird, wie die zu Bruche gehenden Kohlenbaue es lehren, zunächst über dem hohlen Raume ein Hereinstürzen einzelner Wände eintreten, und sich, wenn der Bruch nicht zu groſs war, darüber eine Art von Gewölbe bilden, welches das weiter darauf Liegende trägt. Ist aber die Grundfläche des Raumes gröſser, als daſs das darüber Befindliche in der Spannung bleiben könnte: so kommt es zum völligen Abbrechen von dem noch Unterstützten. Die Bruchfläche wird jedoch überhangend ausfallen, und dies um so mehr, je fester das Gestein ist.

Selbst der milde Schieferthon pflegt über den Flötz-Abbauen noch kaum eine seigere Bruchfläche zu bekommen. Hiernach sollten eigentlich in dem Ganggebirge, welches gewifs zeitiger zur vollkommenen Festigkeit gelangte, Verwerfungen anzutreffen sein, bei denen das Liegende des Ganges tiefer, als dessen Hangendes ist; allein man berücksichtige, dafs sich bei einem etwa wirklich in obiger Art erfolgtem Brechen und Sinken, das erstere vom letzteren entfernen mufste; dadurch wäre das überhangende Stück frei geworden, und hätte sich nun wohl mittelst einer nahe lothrechten, vielleicht auch schon gegen den hohlen Raum hinneigenden Spalte ablösen und dem ersteren Stücke nachsenken können. Gewifs mufsten dann auch beide Senkungen ziemlich gleichzeitig gewesen sein. Man trifft zwar etwas dem ähnliches auch in dem Brechen des Daches über Abbauen, doch dafs dies nicht so regelmäfsig sein kann, liegt einestheils darin, dafs immer nur kleine Flächen zu Bruche geworfen werden, und anderntheils ist hier, wegen meist unbeträchtlicher Teufe unter Tage, der Druck nicht so stark. Denn je gröfser die Masse, um so überwiegender war die Kraft-Aeufserung der Schwere im Verhältnifs zum Zusammenhalt, der dadurch überwunden werden mufste.

Nimmt man nun, vermöge der oft ansehnlichen Mächtigkeit der Gänge und der ganzen Beschaffenheit ihres Nebengesteines, eine allmälige beträchtliche Contraction der Masse an: so konnte das letztere Stück leicht noch tiefer herabgehen, als das zuerst gesunkene, und wir hätten dann zwei parallel streichende Gangräume vor uns, bei denen beiden das gemeinschaftliche Hangende tiefer liegt. Dies entspricht nun auch der

Beobachtung, dafs in einer und derselben Gegend Gänge mit gleichem Streichen meist für gleichzeitig entstanden zu betrachten sind.

§. 196. Ueber die Art des Sinkens von nicht festen Massen lassen sich bei dem Abbau des Gallmeis und Eisensteins in Oberschlesien manche lehrreiche Beobachtungen machen. Die Lagerstätten liegen 6 bis 18 Lachter unter Tage, sind von losem Sande und Letten von verschiedener Dichtigkeit bedeckt, und werden in einer Mächtigkeit von 1 Lachter, oder bei Etagenbau nach einander von einigen Lachtern abgebaut. Ueberall sieht man hier, dafs die Scheidung des herabgehenden Dachtheiles von dem festbleibenden nach einer Fläche erfolgt, welche gegen den hohlgehauenen Raum hin einschiebt, und diese hat um so weniger Neigung, je loser die Masse ist. Wo letztere vorwaltend Sand war, und besonders wenn dieser Wasser führt, da findet ein bedeutendes Umsichgreifen des Bruches an der Oberfläche statt. Hier zeigt sich aber auch kein eigentliches Brechen, sondern mehr ein Fliefsen, und es verbirgt sich die Grenze zwischen der bewegten und unverrückten Masse. Ueber Tage bildet sich nur eine flache Einsenkung, mit sanften Rändern.

Aber in dem festen zähen Letten, wie z. B. das Dach des Gallmeilagers auf Maria-Grube ist, kommen die Trennungen und Senkungen höchst ausgezeichnet vor. Dort sieht man die ihrer Unterstützung beraubte, 16—18 Lachter mächtige Masse, sich langsam an der fest bleibenden herabziehen, mit glatten, oft glänzenden und grobgefurchten Ablösungsflächen, die unter 50 bis 70 Graden (selten steiler) nach dem Abbauraume hin einschiefsen. Dieser Glanz und die Furchen sind aber ein Beweis, welchen Druck sie dabei auf die Unterlage ausübte, und die Verbindung beider bleibt daher auch so dicht, dafs man die Wasser aus den Wäschen nach den Vertiefungen, welche als Schlammfänge dienen, hinleiten kann, ohne ein Eindringen in das Grubengebäude zu besorgen.

Wo sich über Tage die Grenze des Bewegten gegen das unterstützt Gebliebene sehen läfst, gewahrt man bisweilen ein Offenstehen der Scheidungskluft von einigen Zollen. Ferner bemerkt man hier an der Oberfläche, dafs zunächst der Kluft das Aufliegende sich nicht so tief herabgezogen hat als weiterhin, was ganz natürlich ist, weil, je weiter oben, der Druck um desto geringer und um so weniger die Zähigkeit, welche die Masse dem Zerreissen entgegensetzt, überwunden werden kann.

§. 197. Hier sieht man im Kleinen das deutliche Bild der Sprung-Entstehung vor sich, und diese Aehnlichkeit bestätiget die Annahme, dafs bei ihr die Steinkohlen-Gebirgsmasse noch zu keinem festen Zustande gelangt war. Aufser diesem, aus dem ganzen Sprung-Phänomen hergeleiteten Beweise, sprechen auch noch andere Umstände für die noch weiche nachgebende Beschaffenheit, als:

a) Die Biegung der Flötztheile etc. an der Sprungkluft (§. 151. und 152.).

b) Krumme Flächen der Sprungklüfte, ohne dafs sie durch eine erhebliche Oeffnung des Kluftraumes veranlafst wären. Dies müfste aber der Fall sein, wenn das Nebengestein bereits fest gewesen, wenigstens müfste man jetzt Parthien darin finden, die mit später hineingestürzten Trümmern erfüllt wären. So aber wurden dergleichen sich etwa zu bilden beginnende Räume immer sogleich durch die, sich langsam in sie hineinziehende Masse erfüllt, oder kamen eigentlich gar nicht erst zu irgend einer Oeffnung.

c) Für dies langsame Verziehen spricht auch die Beobachtung, dafs an Sprungklüften öfters Flötztheile schwächer oder — wiewohl viel seltener und als Folge eines zufälligen gewaltsamen Zusammendrängens — stärker getroffen werden, als sie sonst sind. Auch geht ersteres zuweilen bis zur gänzlichen Verdrückung (man vergleiche §. 192.).

Einen recht einleuchtenden Beweis geben auch

d) die Vorkommnisse von Sprüngen mit in der Teufe zu- oder auch abnehmenden Höhe; den allerdeutlichsten aber

e) diejenigen kleinen Sprünge, die mitten in einem Flötz beginnen, und allmälig mehr Höhe bekommen, bis diese das Maximum erreicht haben, um dann in ähnlicher Art wieder kleiner zu werden, bis der ganze Sprung verschwindet. Dafs das Aufhören auf beiden Seiten aufgeschlossen, ist allerdings ein seltener Fall. Am deutlichsten beobachteten wir ihn auf dem Heinzmann-Flötz der Königsgrube südöstlich des Bremsberges oberhalb Reil-Schacht, wo zwei kleine ziemlich querschlägige Sprünge den zwischen ihnen liegenden Theil, wo der Verwurf am stärksten ist, um nahe 1 Lachter in die Sohle senkten, während er gegen das Ausgehende hin, und ebenso im Einfallenden mit dem Ganzen in stetiger Verbindung geblieben ist. Die beiden kleinen Sprünge (*f* und *g*. Profil nach *AB* Taf. VII.) auf Heinzmann-Flötz, in der Grundstrecke unterhalb Julius-Schacht nach Osten, verloren sich ebenfalls gegen das Ausgehende; in der Teufe aber mögen sie sich mit der Sprungkluft *d* schaaren. Der Hauptsprung *a* ist in dem Bremsgesenk bei Reil-Schacht, nach Lage der Theile des Heinzmann-Flötzes, kaum 6 bis 7 Lachter hoch, bei Vorsicht-Schacht nahe 10 Lachter u. dgl. m.

Hier ist es unverkennbar, dafs die Masse von einer Beschaffenheit sein mufste, die ein Verschieben ihrer feinsten Theile und ein langsames Verziehen zuliefs, denn sonst müfste sich das Mittelstück im ersten der vorstehenden Fälle beim Sinken so verhalten haben, wie Fig. 114. zeigt.

Dafs bei gröfseren Sprüngen nicht oft ähnliche Verhältnisse statt finden sollten, läfst sich kaum bezweifeln; es werden darüber die in die Teufe fortgehenden Grubenbaue noch manche recht lehrreiche Beispiele liefern.

Vorstehendes dürfte genügen, um die noch mehr oder weniger plastische Beschaffenheit der Masse, während der Bildung der Sprünge darzuthun. Mit Bezugnahme auf §. 182. ist aber hier noch zu bemerken:

§. 198. Bei ungleichem Festigkeits-Zustande der verschiedenen Schichten sollte sich auch die Trennung und Senkung verschiedenartig gestaltet haben. Der früher zur Starrheit gekommene Sandstein sollte steilere Sprungklüfte zeigen, als der milde Schieferthon. Und so ist es auch wirklich der Fall, wenn man anders sich erlauben darf, aus den sparsamen Entblöfsungen der Klüfte in den mächtigen Sandsteinmitteln einen Schlufs zu ziehen. Wo hingegen nur einzelne festere Schichten zwischen anderen lagen, konnte dies auf die ganze Neigung der Klüfte von keinem erheblichen Einflufs werden. Denn die Trennung mufste sich, vermöge des starken Druckes, auch durch sie fortsetzen, ohne sonderlich von ihrer Richtung abzuspringen. Nehme man einmal an, eine solche Kluft habe da, wo sie in den Sandstein kam, ein steileres Fallen bekommen (Fig. 115.) so würde sich beim Verfolg der Rutschung die Fläche *a'b'* von derjenigen *ab* entfernt haben, aber dies würde nicht weit fortgegangen sein, sondern der Druck der wieder über dem Sandstein liegenden Thonmasse *A* würde das dreiseitig prismatische Sandstein-Stück *abc* gleichsam abgesprengt und es nach der Fläche *a'c'* hingeführt haben. Dasselbe Verhalten sucht Fig. 116. anschaulich zu machen, aber unter der Voraussetzung, als hätte sich in dem Sandstein-Mittel *B* eine überhangende Trennungsfläche bilden wollen.

Hieraus ergiebt sich, dafs gewöhnlich ein Wechsel in der Festigkeit einzelner Schichten auf die gesammte Sprung-Erscheinung von keinem grofsen Einflufs sein konnte. Es dürfte anzunehmen sein, dafs dadurch nur etwa die Krümmungen der Klüfte veranlafst, wogegen man sich das Hauptfallen, als durch den mittleren Festigkeits-Zustand der gesammten betroffenen Schichten bedingt, vorstellen mufs.

Es sind jedoch auch noch Fälle zu berücksichtigen, wo grade ein solcher Unterschied Sprünge kleinerer Art hervorrief.

§. 199. Uns an §. 173. anschliefsend, glauben wir in dem Vorkommen einen Beweis zu sehen, dafs im Sandstein (wahrscheinlich durch Contraction) Klüfte entstanden, die seine Spannung aufhoben, vermöge deren er zuvor gleichförmig auf der weichen Unterlage ruhte, dann aber sich stellenweise in selbige einsenkte. Fig. 117. möge davon ein ohngefähres Bild geben. Am ausgezeichnetsten für dieses Eindrücken von Sandstein-Stücken in eine weiche Unterlage, sprechen manche Vorkommnisse auf David-Grube, und erledigen gleichzeitig die Frage, wo die weichere Masse, indem sie dem Sandstein Platz machte, hinkam? denn es finden sich dort neben den Verdrückungen wulstartige Verstärkungen des Flötzes bis zur doppelten Gröfse seiner sonstigen Mächtigkeit. Es brauchte aber auch nicht immer ein Seitwärtsdrängen statt zu finden, sondern es läfst sich denken, dafs ein solches aus dem Ganzen gelöstes Stück des Daches, auf seine Unterlage einen gröfseren Druck ausübte, als vorher, wo es, mit dem Ganzen verbunden, in der Spannung erhalten war. Die Pfeilerbaue geben darüber sprechende Beweise ab.

Nachdem wir gezeigt, dafs die Kraft der Schwere Theile vom Ganzen losrifs, und dafs sie Veranlassung zur Veränderung der Lage und zugleich zur Kluftbildung wurde, so wie dafs die Kluft, vermöge des noch nicht starren Zustandes der Masse, nach der Richtung einschieben mufs, wohin die Senkung ging, ist noch zu erwägen, ob auf dies alles nicht auch die ursprüngliche Lagen-Abtheilung des Steinkohlen-Gebirges einigen Einflufs ausübte?

§. 200. Wo die Klüfte querschlägig sind, kann, wie leicht einzusehen, ein solcher Einflufs kaum vorvorausgesetzt werden. Bei allen andern Sprüngen läfst er sich nicht in Abrede stellen, und nur etwa zugeben, dafs er um so geringer sein mufste, je mehr der Neigungswinkel der Schichten von dem der Klüfte verschieden, also da der letztere meist grofs, je sanfter das Fallen der Flötze war. Es ist bereits oben (§. 174.) bemerkt, dafs im Steinkohlen-Gebirge Senkungen auf Schichtflächen denkbar sind, und dies bestätigt sich vielleicht dadurch, dafs selten Sprünge (wo das Hangende tiefer liegt) vorkommen, deren Kluft sich der Lage einer Schichtfläche sehr annäherte. So sind die ganz oder nahe streichenden Sprünge seltener als die anderen, und kommen auf stehenden Flötzen, mit gleicher Verflächungs-Richtung als diese, fast gar nicht vor.

Dafs aber die rechtfallenden Sprünge viel häufiger sind als die widersinnigen, dürfte daraus erklärlich sein, dafs die entstehende Kluft, die Schichten-Ablösung vorfindend, dieser möglichst zu folgen suchte, sich aber in derselben nicht vollkommen fortsetzen konnte, weil sie eine zu flache Lage hätte annehmen müssen. Man kann sich dies etwa als ein immerwährendes kurz abgesetztes Hinein- und Zurückspringen in und aus den Flötzschlechten denken.

§. 201. Allem Vorstehenden nach müfste sich nun bei jedem Sprunge das Hangende der Kluft in einem tieferen Niveau treffen lassen, als das Liegende, so dafs ersteres immer das Bewegte, und letzteres das relativ, d. h. in Beziehung auf diesen einen Sprung, Festgebliebene wäre. Wirklich ist dies Verhalten auch das bei weitem vorherrschendste, und es können nur ganz besondere Umstände obgewaltet haben, wo man das Gegentheil warnimmt. Allein es ist zu bestimmt vorgekommen, als dafs solche Erscheinungen hier nicht näher zu berücksichtigen sein sollten.

Nur beiläufig wird hier zuvörderst noch einmal der Fall (§. 174.) berührt, wo eine Senkung so sein konnte, dafs sie das Ansehen eines Ueberspranges hervorrief. Wir kommen nun zu den Fällen, wo die wirklich tiefere Lage des Liegenden nicht zu läugnen ist.

§. 202. Gar nicht mit dem Gedanken einer Senkung vereinbar ist das Vorkommen auf der Weifsig-Grube (§. 119. Fig. 55.); wir müssen darauf weiter unten noch wieder zurückkommen.

Der Uebersprung auf Friedrichs-Gegentrum-Grube (Fig. 81.) verdankt dagegen unverkennbar einer Senkung des Mittelstückes zwischen ihm und dem gewöhnlichen Sprunge seine Entstehung. Vielleicht war hier zufällig die Masse fester als sonst, worauf auch die seigere Stellung der beiden kleinen Sprünge am Ausgehenden hinzudeuten scheint.

Eben so dürfte der spieseckige Uebersprung im Reservefelde der Königsgrube (§. 130.) wohl durch Senkung des Liegenden zu erklären und diese Erklärung überhaupt da anwendbar sein, wo man einen etwas festeren Zustand der Masse, und bei geringer Teufe geringen Druck voraussetzen kann.

Wenn die Kluft recht steil ist, so läfst es sich auch wohl denken, dafs das Liegende derselben, wenn es sank, sich deshalb nicht gerade von dem Hangenden zu entfernen brauchte, weil sich seine weiche Masse stets wieder an dieses heran ausdehnte, und es gleichsam festhielt. Einen besonderen Grund mufs dies aber immer noch gehabt haben, weil sonst eher das Hangende nachgesunken wäre; vielleicht ging die Bildung hier einmal rascher vor sich, oder was wahrscheinlicher, es fand eine Einpressung statt.

Häufig bemerkt man grade bei solchen Uebersprüngen, deren Kluft sich der Flötzlage annähert, recht viele Anzeigen für eine ausnehmend plastische Beschaffenheit. Die starken Verziehungen der Kohle und ihrer Schieferthon-Einfassung, wulstartige Anhäufungen neben gänzlichen Verdrückungen, und diese oft in einem so mannigfaltigem Wechsel, dafs selten zwei benachbarte Durchschnitte einander ähnlich sind. Dazu kommt noch, dafs bisweilen gar keine eigentliche Sprungkluft, und diese am wenigsten durch obere und untere Flötze fortsetzend, getroffen wird. Dies alles, in Verbindung mit der Unmöglichkeit, sich solche Ablagerungen ursprünglich zu denken, und dann auch wieder das gern an besondere Arten der Flötzlagerung gebundene Vorkommen, lassen vermuthen, dafs hier ganz eigenthümliche, gar nicht den sonstigen Sprüngen analoge Verhältnisse obgewaltet haben.

Oft kann man hier einen Zusammenhang mit der Bildung der Sattel oder Mulden annehmen. Es mag stellenweise ein Auseinanderzerren und eben so auch ein Zusammendrücken einzelner Schichten vorgekommen sein. Letzteres offenbart sich schon durch die mehr erwähnten Wülste, und wenn die Zusammenpressung noch weiter fortging, konnte leicht daraus eine Trennung der Theile und ein Untereinanderschieben derselben hervorgehen.

Es ist kein Grund vorhanden, diese Entstehungsweise sogar auch im gröfseren Maafsstabe gelten zu lassen. Man denke sich z. B., wie in Fig. 118. angedeutet, ein Gebirgsstück zwischen zwei einander zufallenden Klüften niedergegangen: so mufste es sich um so mehr einpressen, je weiter es fortsank. War es nun im Verhältnifs der Breite allzustark, um sich hinreichend zu biegen, so konnte, namentlich in den oberen Schichten und besonders in solchen die schon gegen die anderen einen etwas festeren Zustand hatten, ein solches Uebereinanderdrücken eintreten wie es die Fig. 118. bei *ab* zeigt. Ein anderes mögliches Vorkommen (analog demjenigen §. 199. Fig. 117.) macht Fig. 119. anschaulich. Fig. 120. stellt noch eines vor, wo die Höhe eines Sattels eingesunken, und zwar nach überhangenden Trennungsklüften, welche theils Folge eines etwas festeren Zustandes der Masse, theils dadurch veranlafst sein können, dafs die Ablösung mehr den Schichtflächen zu folgen, als sie etwa rechtwinklich zu durchbrechen Neigung hatte.

Man dürfte sich aus allen diesem überzeugen, dafs die meisten Sprung-Verhältnisse sich ziemlich einfach aus Senkungen erklären lassen.

Drittes Kapitel.

Von der Hebung eines Stückes.

§. 203. Bereits §. 186. sind die Hebungen von Gebirgsmassen oder von Massenstücken in drei Abtheilungen gebracht. Mit den dort vorangestellten ganz ins Grofse gegangenen Erscheinungen dieser Art haben wir es hier zunächst nicht weiter zu thun. Denn es scheint uns nicht passend, sie zur Erklärung solcher kleinen, oben ein seltenen Vorkommnisse in Anspruch zu nehmen, wie etwa die wenigen Uebersprünge sind, bei denen die Senkung nicht ausreicht, die Entstehung nachzuweisen.

Zuvörderst ist jedoch noch in Erwägung zu ziehen, ob auch wirklich die Hebung in Bezug auf die Lage einzelner Gebirgsstücke von so untergeordneter Wichtigkeit sein sollte, oder ob nicht vielleicht im Gegentheil viele Sprünge durch Hebung des Liegenden entstanden sein könnten?

Wir glauben uns hiergegen erklären zu müssen. Nicht etwa dafs wir die Kraft zu grofs fänden, welche ein Massenstück unter einer überhängenden Fläche heraufgedrängt habe.

Es giebt unverkennbar noch ungleich gröfsere Aeufserungen hebender Kräfte im Gebirge als diese wären. Auch mufs die Wirkung der Hebung eines Stückes bei gleichem Zustande der Masse, sich ziemlich eben so verhalten, als wenn das andere Stück sänke. Denn was beim Sinken des Hangenden die Schwere bewirkt, das thut beim Heraufsteigen des Liegenden das Beharrungs-Vermögen. Wäre die Masse durchgehends fest: so würde die Grenze nicht nur seiger, sondern auch wohl überhangend ausfallen, mithin ein Sprung entstanden sein, wo das Hangende höher liegt. Regelmäfsigkeit wäre aber hier gar nicht möglich, weil die Kluftflächen sich von einander entfernt hätten, und weil dann wohl ein durch mehrere solche Klüfte vom Ganzen getrenntes und gehobenes, oben breiteres Stück, leicht nach einer Seite umgestürzt wäre. Da aber, wie wir oben bewiesen zu haben glauben, die Masse plastisch sein mufste, so konnte die, gegen die Grundfläche des Stückes hebend wirkende Kraft, nicht die ganze senkrecht darüber liegende Masse erfassen, sondern, je weiter herauf, sich nur einer um so kleineren Menge derselben mittheilen, weshalb also das Heraufsteigende, nach oben hin, immer mehr zulaufen mufste.

Dagegen setzte man sich mit einer solchen Bildungstheorie der Sprünge besonders gegen folgende Dinge in Widerspruch:

Ein Blick auf die, durch eine Mehrzahl von Sprüngen zerstückten Felder zeigt sogleich, wie man sich nicht vorstellen kann, dafs diese treppenförmigen Absätze durch Hebungen des Liegenden entstanden sein sollten; durch Hebungen, die bei jedem einzelnen Stück verschieden waren, die das eine 30 Lachter und mehr herauftrieben, während das benachbarte wieder minder hochstieg, oder vielleicht ganz in Ruhe blieb etc.

Wie viel einfacher ist nicht die Annahme der Senkungen? — Bei diesen kann man sich recht gut die Absätze so hervorgebracht denken, indem die Bildung von einem (höchsten) Stücke aus beginnend, sich so fortsetzte, dafs sich bei jedem Sprunge immer die ganze im Hangenden liegende Masse bewegte, also bei jeder Kluft einen Theil von sich, der eher zur Ruhe kam als die folgenden, gleichsam zurück liefs, bis auch das letzte (tiefste) Stück eine Unterstützung fand. Eine Hebung hingegen müfste bei dem tiefsten Stücke angefangen und sich nach dem höchsten fortgesetzt haben. Allein läfst sich wohl mit Wahrscheinlicheit annehmen, dafs bei einem jeden Sprunge immer die ganze Masse im Liegenden desselben um seine Höhe gleichförmig gehoben, und dies sich in allmälig immer kleineren Ausdehnungen so oft wiederholt haben sollte, als Sprünge zwischen dem tiefsten und höchsten Stück vorhanden sind?

Fast noch auffallender erschienen aber dann die einzelnen Sprünge, bei denen man sich ein grofses Feld gleichmäfsig gehoben denken müfste, und zwar bisweilen nur um einige wenige Lachter, wogegen die Senkung wohl leichter auf ausgedehnte Flächen wirken konnte, da sich die Schwere auf jeden einzelnen kleinsten Theil des Ganzen in gleichem Grade erstreckt.

Völlig unerklärlich bleiben aber alle jene Sprünge, die in oberen Schichten vorkommen und in darunter liegenden vermifst werden; eben so diejenigen (§. 172.), wo das Liegende in ungestörter Verbindung mit dem Ganzen blieb, und nur der hangende Flötztheil gleichsam eingebogen gefunden wird.

Wichtig dürfte auch der Umstand sein, dafs die Wirkung der hebenden Kraft auf noch nicht starre Schichten, wohl meistens keine recht scharfe Trennung der bewegten von der unverrückten Masse nach Klüften hervorgebracht haben würde. Namentlich möchte dies bei solchen kleinen Sprüngen, die, einander zufallend, mitten in einer grofsen sonst unzerstückten Flötzfläche liegen, ganz unglaublich sein. Besonders wenn zugleich erwogen wird, dafs man sich eine Hebung nicht gut als so langsam und so sanft fortgegangen denken kann.

Wir sind daher der Meinung, dafs bei einer Masse, welche Verschiebungen der sie zusammensetzenden Theile unter einander zuliefs, eine partielle Hebung meist nichts weiter als eine aufwärts gehende Schichtenbiegung veranlassen, oder wenn die Masse fest war zwar ein Losreifsen herbeiführen konnte, allein mit nach oben divergirenden Trennungsflächen.

Ohne dies noch weiter auszuführen, dürfte aus Vorstehendem so viel klar werden, dafs man mit der Hebung als alleiniger Grundursache der gewöhnlichen Sprünge, auf ungleich mehr Schwierigkeiten stöfst, als bei Annahme der Senkung.

§. 204. Wo die wirkliche oder scheinbar höhere Lage des Hangenden mit der Annahme des Sinkens vereinbar ist, ward oben (§. 201. u. 202.) angeführt. Es bleiben ist hier nur noch die Fälle zu betrachten, die keine andere Erklärung zulassen, als dafs das Hangende der Kluft gehoben sei.

Der querschlägige Uebersprung auf der combinirten Abendröthe-Grube (Fig. 121. *CC*) ist wahrscheinlich hierher zu rechnen. Auf dem tieferen (liegenden) Flötztheil *A* war man zu diesem Punkte mit einer Grundstrecke herangefahren, ohne dafs vorher im Flötz ein Sprung vorkam, und eben so wenig eine Einbiegung in der Sohle bemerkbar wurde, so dafs eine Senkung dieses Theiles nicht nachzuweisen ist. Man müfste dann so etwas von der ganzen grofsen Masse des Liegenden annehmen wollen, was aber auch nicht näher zu begründen ist. Wir glauben daher, dafs dieselbe Gewalt, welche im hangenden Flötztheil die scharfe Kante des Sattels *BD* und diesen selbst hervorbrachte, zugleich das Ganze über das Liegende heraufhob. Ein Kamm aus dem hohen Porphyr-Kegel des Hochberges hat grade seine Richtung nach dieser Stelle hin. Einen Beweis, dafs bei den Ueberspüngen bisweilen ganz besondere Kraftäufserungun statt gefunden haben müssen, giebt auch derjenige im 2ten Flötz der Emilie Anna-Grube zu Gablau, wovon Fig. 122. ein Profil in dem Hauptstreichen des liegenden Flötztheiles vorstellt.

Bei dem streichenden Uebersprunge auf der Weifsig-Grube (§. 119. Fig. 123.) ist schon die Lage der Kluft viel zu flach, um eine Senkung des Liegenden möglich erscheinen zu lassen, und dies um so weniger, als sie die stehenden Schichten durchschneidet. Denn sollte hier ein Sinken eintreten, so war es gewifs am natürlichsten, dafs dies nach irgend einer Schichtfläche erfolgte. So aber ist anzunehmen, dafs eine hebende Gewalt einen Theil der Flötzbänke an ihrem Kopfe gleichsam zur Seite drückte, und solches ist um so weniger räthselhaft, da dem Sprunge Porphyrkoppen vorliegen *).

---

*) Wenn man annehmen will, dafs hier die Gebirgsschichten später aufgerichtet wären, als die Zerstückung durch den

Hier ist die Hebung kaum zu läugnen, aber auch blofs an das Auftreten einer Masse geknüpft, deren Heraufgedrungensein aus der Teufe wohl nicht mehr bezweifelt werden kann. Wo man keine solche Gebilde antrifft, würde es gezwungen sein, ähnliche Erscheinungen auf gleiche Art deuten zu wollen, wenn sich auch zugeben läfst, dafs sich solche Einwirkungen oft weiter erstreckt haben mögen, als der Porphyr etc. an der Oberfläche vorgefunden wird.

§. 205. Wir schliefsen dies Kapitel mit der Bemerkung, dafs die Annahme der grofsartigen Erhebungen (§. 186. und weiter unten wieder §. 218.) ganzer Gebirgsflächen, wenn sie auch zur Erklärung gewöhnlicher Sprünge nicht anwendbar ist, doch auf die Vermuthung führt, dafs die Grenze des Gehobenen sich auch wohl hin und wieder einmal unverwischt im Steinkohlen-Gebirge finden lassen kann, und dies sind vielleicht jene Hauptgebirgsstörungen, die man namentlich im westphälischen Gebirge so ausgezeichnet, und gegen alle sonstigen Sprung-Verhältnisse contrastirend angetroffen hat.

Viertes Kapitel.

Von der Contraction der Gebirgsmasse.

§. 206. Eine Masse wie der Schieferthon des Kohlengebirges mufste sich, beim Abnehmen ihres Wassergehaltes, den sie beim Niederschlage im Maximo in sich

---

Sprung entstanden war, so würde man damit auf eine, noch ungleich einfachere Erklärung kommen. Man reducire einmal, wie solches in der Fig. 123. durch punktirte Linien angedeutet ist, das Fallen des 50zölligen Flötzes von 70 auf 10 Grad, gebe dem Winkel c dieselbe Gröfse wie C etc., so gestaltet sich das Ganze wie ein ganz gewöhnlicher streichender Sprung mit widersinnig fallender Kluft von 48 Grad Neigung (weil $\angle\ C = (90-70) + 90 + 12 = 122^\circ = c$, so ist $\angle\ adb = 180 - (10 + 122) = 48^\circ$).

genommen hatte, in ein kleineres Volumen zusammenziehen; der Sandstein ebenfalls, jedoch in einem um so geringeren Grade, je thonfreier er ist. Hiernach sollten in beiderlei Gestein sehr viele Klüfte zu finden, und diese um so offener sein, je thoniger jenes gewesen ist. Gleichwohl ist dies nicht der Fall, und es entsteht die Frage, wie solches zu erklären sein dürfte.

Wenn tiefe Schlammsümpfe abgelassen, und die aufgefangenen Schlämme der Austrocknung ausgesetzt werden: so entsteht bald eine Menge offener Risse, die sich in verschiedenen, meist recht krummen Linien durchkreutzen. Sie sind an der Oberfläche, wo die Austrocknung am schnellsten fortging, am weitesten, und keilen sich in die Tiefe scharf aus. Nun sollte man meinen, dafs wenn endlich die ganze Schlammmasse ausgetrocknet ist, diese Spalten auch unten fast eben so weit werden müfsten als oben. Allein dies geschieht nicht, sondern auch zuletzt zeigen sie noch dieselbe sich nach unten auskeilende Gestalt, und bei recht tiefen Sümpfen wird in den untersten Schichten gar keine Zerspaltung, am wenigsten in offenen Klüften, bemerkbar.

Es dürfte diefs folgendermafsen zu erklären sein. Da die Austrocknung sehr langsam erfolgt: so bleibt der Schlamm noch lange plastisch, wenn er auch schon viel Wasser verlor. Die unteren Schichten mögen sich daher auch zusammenziehen: so lange sie plastisch sind, wird in ihnen durch den Druck alle Spaltenbildung verhindert, und kann also um so weniger statt finden, je tiefer die Schichten sind, d. h. unter je stärkerem Druck sie stehn.

Die Anwendung auf das Steinkohlengebirge ist einfach. Hier haben wir in den milden Schieferthonen eine Substanz vor uns, welche wohl sogar noch in dem Zustande wie sie heute erteuft wird, nicht so ganz compact ist, dafs sie nicht bei einem langsam fortwirkenden starken Druck eine Verschiebung von Theilen, oder vielmehr ein Verziehen zulassen sollte. Daher kann es nicht befremden, dafs wir, ohngeachtet ihre ganze Beschaffenheit für eine bedeutende Contraction spricht, dennoch in derselben keine offenen Klüfte antreffen. Ein gleiches gilt von dem Sandstein, wo die feinen Quarzkörner durch ein thoniges Bindemittel adhäriren; nur dafs die Volumen - Veränderung im Ganzen geringer sein mufste, da der Quarz natürlich keinen Antheil daran nahm. Der ungeheure Druck, unter welchem diese Massen standen, im Verein mit ihrem, auch heute noch lange nicht bis zum Minimo entfernten, Wassergehalt, ertheilte ihnen die sonst nur dem Flüssigen zukommende Eigenschaft, an der Berührung mit dem Gleichartigen keine Trennung zu zeigen.

Feste Sandsteine dagegen und grobe Conglomerate zeigen ein kiesliges Cement, und dann kann die Erstarrung ziemlich rasch eingetreten aber auch die Contraktion nur unbedeutend gewesen sein. Denn in ihnen liegt jedes Körnchen und jedes Kieselstück so dicht an das andere gedrängt, dafs man oft das Bindemittel gar nicht warnimmt.

Endlich ist noch zu berücksichtigen, dafs die Contraktion unter keinen Umständen sehr weite Spalten bilden kann, weil sie, besonders in einer Masse wie die des Kohlen - Gebirges, sich eher in eine Mehrzahl kleiner und enger Ablösungen vertheilt.

Aus dem allen wird nun klar, warum dieses Gebirge fast gar keine offenen Scheidungsklüfte aufzuweisen hat, deren Grund man aus der Contraktion ableiten könnte, so wenig auch die, gewifs recht beträchtliche Zusammenziehung der thonigen Schichten, in Abrede gestellt werden kann. Ihre ganze Wirkung mag daher wohl auf die Mächtigkeit der Bänke von Einflufs gewesen sein, hat aber keine Spuren zurückgelassen, als etwa die Querschlechten, welche mit oft recht ebenen Flächen hin und wieder im festeren Schieferthon, aber in zahlloser Menge und in den mannigfaltigsten Richtungen im feinkörnigen Sandstein angetroffen werden. Im letztern kommt dann auch zuweilen eine um etliche Zoll geöffnete Kluft vor.

Ob die vorstehenden Betrachtungen auch auf die Kohle selbst Anwendung finden dürfen? kann hier dahin gestellt bleiben, doch scheint deren Zerspaltung in der bekannten, oft bewunderungswürdigen Regelmäfsigkeit, noch auf einem ganz besondern Kohäsions-Zustande zu beruhen.

§. 207. Die Contraktion hat also im Steinkohlen-Gebirge so gut als gar keine offene Spalten bewirkt. Darum haben wir auch die Verwerfung von Schichten, welche von einer blofsen Trennung durch eine Kluft, oder vielmehr von dem Auseinandertreten der Theile um deren Mächtigkeit herrühren könnte, keiner besonderen Beachtung gewürdigt. (§. 16 und 143.). Eben darum erklären wir aber auch die Stärke einer Sprungkluft nicht für einen Erfolg der Contraktion, sondern halten sie, wo sie etwas gröfser angetroffen wird, lediglich darauf begründet: dafs bei der Fortbewegung des einen Gebirgsstückes auf oder an dem anderen, die Kluftflächen vermöge ihrer Unebenheiten stellenweise auseinander traten.

§. 208. Verweist man aber die Wirkung der Contraktion in so enge Grenzen, als hier geschehen ist; so läfst sich noch weniger der, schon bisweilen aufgestellten Meinung beipflichten, dafs sogar die ganze Sprung-Erscheinung eine Folge der Contraktion sein sollte.

Mag es sein, dafs die Volumen-Verringerung durch Austrocknen, in den mancherlei Schichten des Kohlengebirges äufserst verschieden war. Um Sprünge hervorzubringen, hätten die Verschiedenheiten nicht unter, sondern neben einander liegen müssen, und zwar nach grofsen, den Höhen der Sprünge entsprechenden Abstufungen. So etwas ist aber gar nicht denkbar, wenn man das meist so ausgezeichnet gleichförmige Aushalten der Flötzbänke in Länge und Teufe berücksichtigt, und wenn man erwägt, dafs Sprünge überhaupt doch immer eine locale Erscheinung bleiben, welche bald einmal in gröfster Frequenz getroffen, und dann wieder auf grofse Flächen ganz vermifst wird. Die etwaige Voraussetzung einer stellenweise stärkeren Austrocknung ist aber einestheils wegen der allzuscharfen Absätze nicht statthaft, anderntheils müfste man sie doch in, aufserhalb des Steinkohlen Gebirges liegenden Einwirkungen suchen. Giebt man aber diese zu, dann bleibt es ungleich einfacher, sie in einem ganz anderen bereits oben entwickelten Sinne gelten zu lassen.

Fünftes Kapitel.

Entstehung der Erfüllungsmasse der Sprungklüfte.

§. 209. Im vorigen Kapitel wurde zu erläutern versucht, wie die Sprungklüfte ihre Mächtigkeit, wenn sie irgend wo etwas gröfser getroffen wird, besonders dem Umstande zu verdanken haben könnten, dafs die über einander hinschiebenden Flächen des Hangenden und Liegenden keine Ebenen waren, dafs dadurch die Erhöhungen der einen auf dergleichen der anderen zu liegen kamen, und sich so die beiden Gebirgsstücke stellenweise von einander entfernen konnten.

Bedeutend mag dies Auseinandertreten aber nirgends gewesen sein, und zwar aus zweierei Gründen. Erstlich mufste hier dasselbe Verhalten statt finden was oben (§. 206.) als Ursache angegeben ward, warum die Contraktion keine Klüfte geöffnet; nämlich der meist noch plastische Zustand der Masse, und der grofse Druck

10

dem sie besonders an solchen Stellen unterlag, wo ein durchgehender Rifs von einer Seite alle Spannung aufgehoben hatte. Zweitens sind die ganzen Schichten des Steinkohlen Gebirges überhaupt nicht fest genug, als dafs sich jene Erhöhungen beim Fortgleiten und bei dem starken Drucke nicht hätten an einander abreiben, oder gleichsam abschleifen sollen.

Das allmählige Hineinziehen des Nebengesteines in die Kluft, an Stellen wo sie sich öffnen wollte, liegt der Beobachtung entgegen, und nur etwa die Verschmälerung der Kohle (die manchmal vor dem Abschnitt getroffen wird) läfst auf einen solchen Vorgang schliefsen.

§. 210. Das Produkt der Abreibung glauben wir aber in der Kluftmasse vor uns zu sehen. Darum unterscheidet sich diese nur darin von ihrer Umgebung, dafs ihr Zusand weicher, dafs aus Schieferthon Letten, aus Sandstein Streifen von kaum etwas verbundenem Sande geworden, in welchem einzelne gröfsere Kiesel ohne Zusammenhalt inne liegen. Ebendaher kommen die Trümmer jener Kohle, die bis ins feinste zermalmt, und nicht selten wie mit Letten verkantet ist. Ebendarum laufen diese Bestege, so wie die Absonderungsflächen der übrigen Kluftmasse, mit dem Hangenden und Liegenden parallel, und eben darum sehen wir auch selbst noch in dem Quergestein, der Kluftlage entsprechende Schlechten.

§. 211. Unserem Dafürhalten nach, giebt es keinen Ausweg diese Erscheinungen auf eine andere bessere Art zu deuten. Man abstrahire einmal von der obigen Annahme, dafs die Kluft sich nirgends erheblich geöffnet habe, sondern es sey wirklich bei ihrer Entstehung eine gewisse Mächtigkeit vorhanden gewesen: so bleibt es fast unerklärlich, wie sich der Raum ausgefüllt haben sollte? —

Am natürlichsten wäre am Ende noch die Annahme, dafs von dem Hangenden und Liegenden sich Trümmer abgelöset hätten. Allein dem entspricht die Beschaffenheit der Kluftmasse durchaus nicht, und besonders steht ihr die sehr genau zu beobachtende Ablösung derselben entgegen. Aufserdem bliebe nichts übrig, als vorauszusetzen, die Ausfüllung habe von oben herein statt gefunden. Dies ist aber auch undenkbar, denn es müfste ja das Gewässer nach beendetem Absatz der Schichten noch einmal über deren Ausgehendes hinaus gestiegen sein, und noch Masse derselben, — aber auch nichts anderes — enthalten haben. So etwas verträgt sich nicht mit der Beobachtung, dafs die Bänke des Steinkohlengebirges stets gleichförmig, und nirgends abweichend oder gar übergreifend auf einander gelagert gefunden werden. Endlich wäre dann aber auch die bisweilen recht deutliche Abwechselung und Absonderung der Kluftsubstanz in Lagen und Trümmer, parallel den Wänden, eine ganz räthselhafte Erscheinung, weil es unmöglich sein würde, dafs sich eine, entschieden nur mechanisch, durch Adhäsion in Verbindung kommende Masse, so absetzen konnte.

Die etwanige Behauptung, dafs die Erfüllungsmasse der Sprungklüfte von unten herauf gekommen sei, widerlegt sich von selbst durch die Beschaffenheit derselben, und bedarf wohl nicht erst einer weiteren Erörterung.

Einen Grund für unsere Ansicht giebt aber endlich noch der Umstand ab, dafs dort, wo bei minder hohen Sprüngen ein mächtiges Flötz nicht ganz auseinandergerissen wird, sondern wo bei der Fortbewegung nur Kohle an Kohle hinglitt, die Kluft auch gewöhnlich nichts anderes als dieses, und zwar im feinkörnigen zermalmten Zustande aufzuweisen hat.

§. 212. Anders war es bei der Bildung der Gänge, und nur ihre Saalbänder sind etwa als der Masse der Sprungklüfte entsprechend anzusehen. Sonst beurkundet schon die gröfsere Mächtigkeit ganz andere Bildungsverhältnisse. Vielleicht waren jene krystallinischen, sogenannten Urfelsmassen ursprünglich im feuerflüssigen Zustande, und dann war ihr Uebergang ins Starre, so wie die weitere Abkühlung mit einer grofsen Contraction verbunden.

Gleichzeitig sehen wir hier eine, gewifs von Anfang her, weit gröfsere Festigkeit vor uns, und diese bewirkte, dafs sich bei der Verschiebung der zerrissenen Stücke ihre Unebenheiten in geringerem Grade abschliffen, oder dafs in den Kluftraum gestürzte Blöcke und Trümmer sich dazwischen einklemmten, und dem Drucke widerstehend, Hangendes und Liegendes auseinander hielten.

§. 213. Die Ausfüllungsweise der Gangräume liegt aufser den Grenzen unserer Betrachtung. Entschieden waren dabei Infiltrationen und mancherlei Sublimationen von Metallen, Säuren und anderen chemischen Reagentien thätig, die dem Quergestein oder dem Innersten der Erde entstiegen, sich in den Gangräumen verdichteten und oft auch auf das benachbarte Gebirge umändernd einwirkten.

Dasjenige, was etwa von Substanzen, die dem Steinkohlengebirge sonst nicht angehören, auf Sprungklüften hin und wieder einmal vorkommt, dürfte man als die äufsersten Ausläufer jener Bildung ansprechen können.

Sechstes Kapitel.

Entstehung einer Mehrzahl von Sprüngen.

§. 214. Kehren wir noch einmal in das so lehrreiche Terrain bei Hermsdorf (Taf. VI.) zurück, und erinnern uns, was oben (§. 45.) über die Niveau-Verhältnisse, Gestalt der Gebirgsstücke etc. gesagt ward. Angenommen, die Sprungbildung habe im Süden, am Einhang des Blitzenberges begonnen, und bei einem jeden der gröfseren Sprünge sei nach und nach das ganze ihm nördlich liegende Feld gesunken, so mufste dieses hinter dem Sprung *m'* in die Lage von *C* gekommen sein. Es fragt sich, wie konnte der Theil *D* dann wieder zu einer Höhe von circa 20 Lachtern gelangen? Betrachten wir dagegen etwa bei Entstehung des Sprunges *i'* das Stück *D* schon in Ruhe gekommen: so entsteht die andere Frage: wie konnten sich die Theile zwischen den Klüften *i'* und *u'* senken, da sie sich vermöge ihrer keilförmigen Gestalt gewölbeartig einklemmen mufsten?

Da bereits oben (§. 203.) angegeben ward, dafs eine Hebung des Liegenden nicht viel für sich hat: so bleiben wir bei der letzteren Frage stehen, und finden darauf zu entgegnen:

§. 215. Das Sinken keilförmiger Zwischenstücke kann dann nur auf zweierlei Art erklärt werden, nehmlich entweder durch ein Umbiegen weicher Schichten an den einander zufallenden Sprungklüften, oder durch Contraction. So wenig jenes Umbiegen selbst in Abrede gestellt wird, da es durch unzweideutige Beobachtungen nachgewiesen ist (§. 151.), so scheint es doch zur Erklärung des vorliegenden Falles nicht ganz auszureichen; denn das Umbiegen an der Kluft ist nur ein Zurückbleiben der Masse, wodurch ein gewisser Theil unterer Schichten in die Ebene oberer Schichten zu liegen kam. Blofs an der Oberfläche des sinkenden Keiles hob sich etwas Masse über diese empor, und nur um dieses, gegen das ganze sehr unbedeutende Quantum, hat sich die Breite des Stückes vermindert.

Die Gröfse dieser Abnahme der Breite ergiebt sich aus dem Querschnitt Fig. 124. wo angenommen ist, das Stück *ABCD* sei in die Stelle von *abcd* herabgesunken. Von letzterem ist nun *abCD* ein Theil von *AB CD*; aber im Trapez *CDcd* fehlen im Vergleich gegen *ABab* (da ▭ *bmcd* = ▭ *fgck*, so wie △ *Aea* = △ *Ccl* und △ *Bbh* = △ *Ddm*) die beiden Oblongen *aeif* und *ghkb*. Zugleich ersieht man hieraus, dafs der fehlende Theil der Masse um so bedeutender sein mufs, je weniger steil die Neigung der Klüfte ist. Es ist aber keinesweges beobachtet, dafs bei flächeren Klüften etwa stärkere Biegungen angetroffen wären, auch finden diese nicht überall statt (§. 154.) und obendrein sind sie bei mächtigen Sandsteinmitteln gar nicht mit einiger Wahrscheinlichkeit vorauszusetzen.

Dies alles führt dahin, dafs die Senkung eines solchen Keiles ohne Breitenverminderung nicht denkbar ist, und letztere dürfte sich wohl am einfachsten durch Contraction erklären lassen, welche bei einmal eingetretener Trennung das allmählige Herabgehen eines solchen Stückes beförderte.

Es sei Fig. 125. *ABd* ein Querschnitt von der ursprünglichen Form des Gebirgskeiles und dieser habe sich zur Gröfse von *abc* zusammengezogen, ferner sei α der Fallwinkel der einen, β derjenige der andern Kluft: so verhält sich ohngefähr die Gröfse der Zusammenziehung zu der Tiefe in welche dadurch der Keil herabgehen konnte, *ck* (= *ce*) + *lm* (= *cf*) zu *cd* wie cos:α + cos:β zum Rad.; oder die Verminderung der horizontalen Breite *Aa* + *bB* (= *gh*) wie cotang. α + cotang. β zum Radius. Je steiler also die Neigung der Klüfte, um so weniger brauchte die Volumen-Verminderung zu betragen, um doch schon die Senkung bedeutend zu befördern. Bei 70 Grad Neigung beider Klüfte betrüge die Teufe der Senkung etwa das $1\frac{1}{3}$ fache der Breiten-Abnahme, bei 80 Grade Fallen nahe das 3fache etc. Hierzu ist nun aber auch noch der Einflufs der gleichzeitigen Zusammenziehung der, das Liegende der Klüfte bildenden Masse zu rechnen, wodurch sich die Wirkung mindestens verdoppelt.

Nach dem was §. 197. über den Zustand der Gebirgsschichten bei Entstehung der Sprünge gesagt ist, läfst sich überhaupt nicht annehmen, dafs sich ein Stück solcher Masse, vermöge der keilförmigen Gestalt, hätte können einklemmen und so gleichsam hängen bleiben, wenn die Unterlage etwa noch weiter fortsank. Wäre wirklich die Contraction nicht im Stande gewesen, seine Breite hinreichend zu verringern, so würde doch gewifs eher ein Ausdehnen in die Teufe, und dadurch eine Art von Zusammenziehen in der Breite statt gefunden haben.

§. 216. Obgleich das Verhalten bei einander zufallenden Klüften am deutlichsten auf eine Verschmälerung der Schichtentheile hindeutet: so ergiebt doch eigentlich schon fast jeder einzelne nur irgend beträchtliche Sprung etwas ähnliches, jede Verbindung einer Mehrzahl von Sprüngen aber in noch höherem Grade.

Der Hauptsprung x (Taf. VI.) hat auf der Friedens Hoffnung Grube 33 Lachter seigere Höhe; bei 66 Grad Fallen giebt dies 16 Lachter Sohle. Es fehlt also hier auf jedem Flötz ein fast eben so breiter Streifen Kohle. Wollte man indessen annehmen, dafs die Flötztheile nicht verkürzt wären, vielmehr das ganze hangende Feld nach Nordosten hin geschoben sei; so ist nicht aufser Acht zu lassen, dafs wenn man die Breite aller fehlenden Flötzstreifen bei sämmtlichen Sprüngen zusammenrechnet, diese zu grofs erscheint, um ein so weites Auseinanderrücken möglich zu finden. Bei entgegenfallenden Klüften müfste man aber dann unbedingt Wiederenporhebungen gelten lassen.

Dies dürfte genügen, um die Behauptung zu bestätigen, dafs mit wenigen Ausnahmen fast bei jedem Sprunge eine Verringerung der Breite verworfener Flötztheile anzunehmen ist.

§. 217. Nur der Sprung x durchsetzt das Hermsdorfer Grubenfeld in seiner ganzen Breite, und der südlichste Sprung auf Beste Grube *a''* ist vielleicht mit dem *e* auf der Neuen Heinrich Grube identisch. Bei allen andern läfst sich keine Uebereinstimmung nachweisen. Eine Anzeige, dafs die Gesteinsmittel zwischen den liegenden, mittleren und hangenden Flötzen noch höchst mannigfaltig zerstückt sein mögen. Da indefs, mit der fast einzigen Ausnahme von *x*, sich alle Streichlinien der Sprünge mehr oder weniger der querschlägigen Richtung nähern: so vermuthen wir, dafs auch die Zwischenmittel in ähnlichen Linien zerspalten sind, und sich dabei die Klüfte zwar unter verschiedenen, doch meist sehr schiefen Winkeln schaaren, durchkreutzen, oder auch verwerfen.

Wir sehen also hier eine Fläche vor uns, welche mindestens 1,200 Lachter lang, und mehr als halb so breit mithin über 720,000 Quadratlachter umfassend, mannigfaltig zerstückt und von der kein Theil in seiner ursprünglichen Lage sein dürfte.

Dafs die Streichlinien der Klüfte sich alle einander annähern, deutet schon darauf hin, dafs eine und dieselbe Ursache bei sämmtlichen Sprüngen obgewaltet haben mag. Da es nun nicht wahrscheinlich ist, dafs eine solche Einwirkung auf ganz gleiche Art zwei oder mehrmal statt gefunden haben sollte: so sind wir der Meinung, dafs dort sämmtliche Sprünge ziemlich g l e i c h z e i t i g sein dürften.

Dafs aber hin und wieder einmal ein einzelnes Stück nicht sogleich zur Ruhe kam, sondern sich später noch wieder von einem anderen losrifs, also eine neuere Sprungkluft eine ältere, verwarf; kann eben nicht befremden. Die Seltenheit eines solchen Vorkommens spricht sogar recht sehr für obige Meinung.

§. 218. Wir entlehnen jetzt aus der neueren Geognosie, und zwar aus E. Beaumont's Theorie der Gebirgs-Erhebungen, den Satz:

dafs die aufgerichteten Schichten jüngerer Gebilde die Erhebungszeiten älterer Massen andeuten.

In Schlesien schliefst sich das Vorkommen aufgerichteter Schichten mit dem Rothliegenden. Alle jüngeren Formationen sind unverkennbar so abgelagert, wie es die ihnen zum Absatz dargebotene Unterlage mit sich brachte; und kaum mögten darin Anzeigen erheblicher späterer Veränderungen angetroffen werden. So wenig im Muschelkalk Oberschlesiens, als im Quadersandstein und Pläner Niederschlesiens.

Wir glauben nun, dafs eben diese letzte solcher Kraft Aeufserungen, welche die Steinkohlen Gebirgsschichten aufrichtete, auch die Haupt Veranlassung zur Entstehung der Sprünge wurde. Nicht etwa, dafs jeder einzelne Sprung dieser Catastrophe seine Entstehung verdanke; im Gegentheil, es kann sein dafs vielleicht nicht ein einziger von ihnen, so wie wir ihn jetzt finden, damals sogleich entstand, sondern wir suchen mit dieser grofsartigen Einwirkung hauptsächlich den Umstand zu erklären, dafs die Niveau Veränderungen oft allzu beträchtlich sind, um als Erfolg von blofsen Senkungen angesehen werden zu können.

Es scheint nämlich denkbar, dafs jene Catastrophe mit der Hebung von grofsen Flächen des Steinkohlengebirges verbunden war, und dafs sie die bereits zur Starrheit gelangte Unterlage desselben dabei in wellenförmig fortlaufenden Stöfsen zerstückte. Wo nun dadurch zugleich die Erfordernisse zu Senkungen hervorgerufen wurden (§. 194.) oder hin und wieder auch vielleicht schon vorhanden waren, fanden demnächst letztere statt, und brachten alle die nur irgend aus Senkungen abzuleitenden Sprungerscheinungen hervor.

Diese Zerstückung der Unterlage ging dabei höchst wahrscheinlich weiter, als die jetzige Verbreitung der Sprünge. Nur dadurch, daſs wohl nicht überall die Bedingungen zur Senkung obwalteten, erklärt sich das locale Auftreten der Sprünge. Zugleich leuchtet aber auch ein, daſs wir im Steinkohlengebirge nur eine dergleichen Hebungs- und Zerstückungs-Periode suchen können, und alle darin aufsetzenden Sprünge für nahe gleichzeitig ansehen müssen.

Die Anwendung auf das ältere Gebirge, namentlich auf dessen wiederholte Zerstückung etc., von denen die letzte mit der Sprungbildung übereinkommen mag, liegt hier zu entfernt, um weiter darauf einzugehen.

Zufällig ist es wohl nicht, daſs der Hermsdorfer Hauptsprung mit demjenigen auf der Fuchs-Grube (§. 99.) und dem auf der David-Grube (§. 110.) ein wenig verschiedenes Streichen hat, daſs dieses dem Hauptstreichen der Steinkohlen-Flötze (in dem ganzen Waldenburger Reviere) nahe kommt, so wie daſs grade bei Hermsdorf, wo die Flötze nicht in diesem Streichen, sondern fast rechtwinklich dagegen lagern, eine Unzahl von Sprüngen zusammengedrängt ist. Sollte dies nicht vermuthen lassen, daſs vielleicht dort, wo die Zerspaltungs-Richtung mit der Streichlinie der Gebirgsschichten übereinkam, die meisten Senkungen auf Schichtflächen erfolgt, und so der Beobachtung entzogen seien? — Die David-Grube scheint hiervon im ersten Augenblick eine Ausnahme zu machen, doch ist zu erwägen, daſs bei der dortigen ungewöhnlich flachen Neigung der Schichtflächen von nur 10 bis 15 Grad, auf ihnen nicht leicht ein Herabgleiten denkbar ist. Die meisten kleinen Sprünge sind daselbst aber auch als auf die in §. 173. und 199. gezeigte Art entstanden, zu betrachten.

In Oberschlesien konnte sich die unmittelbare Einwirkung der Emporhebung der älteren Massen nur auf einen kleinen Theil des sehr ausgedehnten Kohlengebirges erstrecken. Ihre Anzeigen treffen wir ganz deutlich nur bei Petrzkowitz, dem benachbarten Ostrau und gegen Orlau hin. Aber auch das entferntere insularische Hervorstehen des Kohlengebirges aus den aufgeschwemmten Massen, kann kaum anders als durch Emporhebung erklärt werden. Der Hauptgebirgssattel in der Niederlage zwischen Zabrze und der Przemsa, so wie der kleinere, obenein in seiner Kante gleichsam gebrochene auf Königin Luisen-Grube (§. 165. Taf. VIII.) sprechen im Einzelnen für dergleichen Vorgänge, und die Sprungbildung war wohl auch hier deren Folge.

Noch drängt sich hier die Frage auf: aus welchem Gesichtspunkt die Grenzen der oberschlesischen Kohlen-Gebirgs-Parthien anzusehen sein dürften? — Wir sind geneigt, viele von diesen, fast überall wo sie näher entblöſst sind, recht steilen Abhängen, für Sprung-Absätze anzunehmen. Es sei nun, daſs die Hebung hier gleichsam ihre Grenze fand (also das Ganze unter dem tief unten gebliebenen Hangenden hervorhob), oder, was wohl wahrscheinlicher ist, daſs sich hier, an der Umfassung von der gehobenen Masse Stücke ablösten, und wieder in die Teufe hinabglitten.

Daſs die Grenzfläche oft unregelmäſsig gefunden wird, kann nicht auffallen, da spätere Einwirkungen eine, meist geringen Zusammenhalt zeigende Masse, leicht verändern und abflächen konnten, namentlich die gewaltsame Fluth, welche das aufgeschwemmte Geschiebeland heranwarf. Wo sich dagegen bei Zeiten eine andere Bildung anlegte, und die Abhänge vor solchen Zerstörungen schützte, da treffen wir einen recht ebenen Abschnitt. So z. B. bei der Florentine-Grube zu Lagiewnik *), wo sich Kalkstein, und bei Petrzkowitz, wo sich Mergel (Gips-Gebirge) angelagert hat.

*) Archiv IV. Taf. VIII. Fig. 3.

Noch mehr als diese Einhänge an den Grenzen, tragen alle in der Mitte der Gebirgsparthien bekannten Sprünge Oberschlesiens, den deutlichsten Charakter der Senkung an sich.

Siebentes Kapitel.

Ueber die Bewegungs-Richtung.

§. 219. In Betreff der Richtung, welcher die Bewegung des einen Gebirgsstückes an dem andern bei der Sprung-Entstehung folgte, ist hier auf das, darüber im letzten Kapitel des vorigen Abschnitts gesagte (§. 167. etc.) Bezug zu nehmen, und nur etwa noch Folgendes anzuführen.

§. 220. Wo Sprünge in höherer oder tieferer Sohle Unterschiede in ihrer Höhe zeigen, kann solches auf zweierlei Art erklärt werden. Entweder dadurch, dafs sich das sinkende Stück nach einer Seite hin wendete, oder dafs die Masse, vermöge ihrer plastischen Beschaffenheit, eine Verschiebung ihrer Theile zuliefs, und sich an einer Stelle tiefer herabzog, als an einer anderen. Das letztere hat mehr Wahrscheinlichkeit für sich; denn das Schwanken von Stücken, welche man sich meistens im Verhältnifs ihrer Breite als sehr tief in die Erde hineinreichend vorstellen mufs, ist kaum glaublich; und nothwendiger Weise müfste dadurch auf der einen Seite, nach welcher der Verwurf kleiner wird, oder sich auch gar verliert, nicht nur ein Ablösen, sondern sogar ein bedeutendes Entfernen des Gesunkenen vom Festgebliebenen veranlafst sein.

Die obige Verziehung hat man sich hiegegen so vorzustellen, dafs weiche unterliegende Schichten nach der einen oder der anderen Richtung, wohin die Sprunghöhe zunimmt, allmählig entweder blos mehr zusammengedrückt, oder dafs ihre Masse zum Theil aus einer Stelle hinweg nach einer anderen hingeprefst wurde, wovon das erstere besonders dann wahrscheinlicher ist, wenn der Verwurf nach dem Einfallenden der Flötze zu stärker wird, wo also über jenen Schichten mehr Gebirge, mithin ein gröfseres Gewicht lag. Denkt man sich aber auch dies noch in einem plastischen Zustande, und dadurch in der ganzen Masse ein Verziehen und Verschieben der einzelnen kleinsten Theile; so wird es klar, dafs selbst bei einem solchen Sprunge mit localen Höhen-Unterschieden, dennoch ein jeder Punkt in der sinkenden Schnittlinie sich von dem correspondirenden in der unverrückt gebliebenen, nach der Falllinie der Kluft entfernt haben kann. Dies war es, was hier zunächst dargethan werden sollte.

Bei zwei einander zufallenden Klüften mit parallelem Streichen wird, nach der Deutung in §. 215., dasselbe vorauszusetzen sein. Noch mehr bei zwei ganz parallelen Klüften.

§. 221. Wie aber bei zwei Klüften, die sich in einer Seitenrichtung schaaren? und namentlich bei solchen, wo die Linie, in der sie zusammenstofsen, mit einer gewissen Tonnlage rinnenförmig in die Teufe niedersetzt? — Auch hier mag zwar die Contraction das ihrige gethan haben, das Sinken eines solchen Stückes zu befördern; aber auch die Annahme ist statthaft, dafs die Senkungsrichtung durch beide Kluftflächen zugleich bestimmt wurde, und dann konnte sie eben so wenig nach der Falllinie einer jeden Kluft statt finden, als wenn Senkungen auf Schichtflächen an einer als Sprungkluft anzusehenden Nebenschlechte entlang statt fanden (§. 174.). Dafs jedoch die Abweichung wegen gewöhnlich steiler Lage der Kreutzlinie und des meist sehr schiefen Schaarungswinkels, nicht allzu beträchtlich sein kann, ist bereits §. 177. bemerkt.

§. 222. Die Nebensprünge (§. 29.) lassen sich auf mancherlei Art entstanden denken. Diejenigen, deren Kluft in ihrer Lage von der des Hauptsprunges wenig abweicht, mögen ihre Ursache darin haben, dafs sich vielleicht, bei Bildung der letzteren, stellenweise Räume öffnen wollten, in diese aber ein sich von der Seitenwand ablösendes Gebirgsstück hineinschob. Oder die Trennung welche den Hauptsprung hervorrief, wurde hin und wieder einmal von ihrer Richtung abgelenkt; das sinkende nahm daher ein anderes Stück mit sich fort, kehrte aber bald wieder in die erste Richtung zurück, und liefs dann dies kleine Stück gleichsam wieder hängen.

Wo das Fallen des Nebensprunges gegen die Hauptkluft hin gerichtet ist, kann man zwar auch ohne weiteres die erstere Erklärungsart gelten lassen, doch zugleich auch annehmen, dafs dort, wo das Zwischenstück sich nach unten auszukeilen scheint; eine nachgebende Schiefertbonmasse lag, die sich in eine Oeffnung der Hauptkluft hineindrängte, wodurch das Zwischenstück seine Unterstützung verlor, und von seinem jetzigen Liegenden losrifs.

Auch hier kann, bei Senkungen stehen bleibend, bei denen jeder Theil einer noch nicht völlig starren Masse die Wirkung der Schwere erfuhr, die Richtung der Senkung mit unerheblichen Abweichungen, als mit der Falllinie der Kluft übereinkommend, angenommen werden.

§. 223. Aus allem diesem dürfte sich ergeben, dafs die Regel §. 17. oder wenigstens der erste Theil derselben über die Bewegungs-Richtung, nur äufserst wenigen Ausnahmen unterliegen mögte.

Auch diejenigen Ausnahmen, welche wir oben (§. 172.) in der vorläufigen Voraussetzung eines festen Zustandes der Masse gelten liefsen, verschwinden, wenn letztere plastisch gedacht wird, und beschränken sich dann nur darauf, dafs die Fortbewegung nicht überall gleich weit fortging und also der eine Flötztheil nicht seine ursprüngliche Lage behalten haben konnte.

§. 224. Als wirkliche Ausnahmen bleiben dann nur diejenigen übrig, welche §. 173. etc. betrachtet, indessen wohl unerheblich sind. Selbst in dem im §. 173. gedachten Falle wird das abweichende nur in Bezug auf das feste Sandsteinstück gelten können; lag darüber wieder plastische Masse, so mufste sich deren Trennung und Senkung wieder ganz in gewöhnlicher Art gestalten.

§. 225. Bei hin und wieder nicht zu bezweifelnder Sprung-Entstehung durch Hebung, ist jedoch in der Theorie kein Beweis für die Bewegungs-Richtung in der Falllinie der Kluft vorhanden, als nur etwa die grofse Ausdehnung der Massenstücke in die Teufe, vermöge deren sie in einer der Falllinie der Trennungsflächen wenigstens ganz nahe kommenden Richtung emporsteigen mufsten.

Achtes Kapitel.

Bildungszeit der Sprünge.

§. 226. Schon die unverkennbare Anzeige, dafs sich bei der Sprungbildung die Masse in einem noch nicht starren Zustande befand, läfst schliefsen, dafs dieselbe recht bald dem Absatze des Kohlengebirges gefolgt sein mag. Dazu kommt der Umstand, dafs die ganze Beschaffenheit dieser Formation, namentlich die der Kohlenflötze und der zahllosen Schieferthonbänke den Beweis giebt, wie dazu gewifs ein sehr langer Zeitraum erforderlich war. Selbst die bewunderungswürdige Regelmäfsigkeit der Niederschläge läfst vermuthen, dafs ein jeder derselben erst, wenn nicht erhärten, doch einen gewissen Zusammenhalt annehmen mufste, um nicht mit dem darauf folgenden zu verfliefsen.

§. 227. Wenn übrigens oben (§. 217.) gesagt ward, dafs die Sprünge für ziemlich gleichzeitig entstanden anzunehmen sind: so sollte damit keineswegs behauptet werden, dafs sie plötzlich gebildet wurden; sondern auch ihre Bildung mag allmälig erfolgt sein, und vielleicht eines langen Zeitraumes bedurft haben, ehe sie sich völlig schlofs. Mit dem Gleichzeitigen wurde vielmehr nur der Gedanke verbunden, der dem Begriff einer Gebirgsformation zum Grunde liegt, deren Schichten man gleichzeitig nennt, weil zwischen ihnen keine Spuren von Veränderungen in der Bildungs- und Absatz-Weise angetroffen werden. Man kann sich daher denken, dafs mancher Sprung älter oder jünger sein mag, als ein anderer. Aber auf einer und derselben Stelle scheint sich die Bildung nicht wiederholt zu haben, wie solches dagegen bei Gängen mit grofser Zuverlässigkeit zu erweisen ist.

§. 228. Es läfst sich auch nicht in Abrede stellen, dafs schon Sprünge entstanden sein können, ehe noch die Bildung des Kohlengebirges ganz beendet war. Es würden sich dadurch manche Verhältnisse erklären, wo auf unteren Flötzen kleine Verwerfungen vorhanden sind, welche in den oberen, vor deren Niederschlag sich der Sprung-Absatz wieder ausgeglichen haben konnte, nicht angetroffen werden *).

§. 229. Verlöre sich hiernach die Bildung der Sprünge in der Formationszeit des Kohlengebirges selbst: so entsteht nunmehr die andere Frage, wie lange sich deren Bildung fortgesetzt haben dürfte? — Hierüber kann man nur in den aufliegenden Massen Aufklärung suchen.

---

*) Zufällig ist es gewifs nicht, dafs bei Hermsdorf der Absatz des oberen rothen Sandsteins eine Mulde vorfand, sondern diese Vertiefung mag das Ergebnifs der Sprünge gewesen sein, welche also der Ablagerung des, unmittelbar dem Steinkohlen-Gebirge folgenden Sandsteins vorangegangen wären.

Bekannt sind Verwerfungen noch im rothen Sandstein, der zunächst das Kohlengebirge bedeckt, eben so im Zechstein und im bunten Sandstein. Aber schon in diesen Massen scheint die Stärke des Verwurfes bedeutend abzunehmen, und es kann wohl sein, dafs man die Beobachtung bei Gängen über die allmälig und lange fortgegangene Verschiebung (dort zugleich mit Oeffnung verbunden) auch auf die Sprünge übertragen, und vermuthen darf, dafs sich mancher Sprung zwar schon gebildet hatte als die Schichten-Niederschläge noch fortgingen, aber dann noch immer an Höhe zunahm. Wo hingegen keine solche Störungen des Zusammenhanges in den Schichten mehr vorkommen, da mufs man voraussetzen, dafs bei ihrem Absatze alle Sprungbildung beendet war.

Im Muschelkalk Oberschlesiens sind davon keine Anzeigen getroffen. Bei dem mehrerwähnten Sprunge auf Florentine-Grube bei Lagiewnick ist er, das hangende Steinkohlen-Gebirgsstück bedeckend, an das Liegende der Kluft angelagert, fehlt aber darüber. Wollte man nun annehmen, dafs er dort weggewaschen sey: so ist zu bedenken, dafs er ursprünglich auf jenem Stück 27 Lachter mächtig gelegen, und sich auf nahe 1100 Par. Fufs Seehöhe erhoben haben müfste. Eine Erhebung, welche dieser Kalkstein in Oberschlesien fast auf keinem Punkte erreicht, und die am wenigsten hier an der Grenze seiner Verbreitung vorausgesetzt werden kann.

Uebrigens findet man weder dort, wo die Kalkdecke schwach ist, noch in der Mitte der Bildung, weder in den vielen Steinbrüchen, noch in den ausgedehnten Grubenbauen, unter der Unzahl von Klüften welche den Kalkstein in den mannigfaltigsten Richtungen durchsetzen, irgend eine, die mit Verschiebung der Gesteinsbänke verbunden wäre.

Ob in anderen Gegenden, wo kein solcher großer Bildungs-Absatz zwischen Kohlengebirge und Muschelkalk, wie in Oberschlesien, vorhanden ist, die Sprünge des ersteren noch in den letzteren zu treffen sind, ist uns nicht bekannt.

In Niederschlesien ist der unausgefüllte Zwischenraum zwischen dem Rothliegendem und Quadersandstein noch größer, und es kann noch weniger befremden, wenn in diesem keine Verwerfungen mehr vorkommen.

Neuntes Kapitel.

Vom Einfluſs der Sprünge auf die Oberfläche.

§. 230. Das vorige Kapitel führte dahin, daſs die Sprungbildung nicht weit in die, über dem Steinkohlen-Gebirge abgelagerten Massen hinauf, und gewiſs nicht über die Formationszeit des Flötzgebirges hinausreicht.

Die durch sie hervorgebrachten treppenförmigen Absätze und andere Unebenheiten waren daher allen nachherigen zerstörenden Einwirkungen ausgesetzt, deren Erfolge sich besonders in den erstaunlichen Massen der Geschiebe und des Sandes vorfinden, welche die Niederungen erfüllen. Mithin kann es nicht befremden, wenn sich die Sprünge an der jetzigen Oberfläche nur schwach oder auch gar nicht mehr angedeutet finden lassen.

Ersteres findet man z. B. im Hermsdorfer Grubenfelde in Betreff der Lage des Gebirgsstückes am Blitzenberge; eben so hat auf der Caroline-Grube (Taf. V.) die Oberfläche über dem höchsten Flötztheil die gröſste Höhe, und auf Königsgrube der Theil des Gerhard-Flötzes auf Martini-Schacht (Taf. VII.) etc. Auch zeichnen sich die Grenzen des Steinkohlengebirges gegen das Oberschlesische Geschiebeland, welche wir zum Theil als Sprünge angesprochen haben, meist durch einige Hervorragung aus, wenn auch der Abfall des Tagegebirges, von selten mehr als 10 bis 12 Grad, dem ursprünglichen Absatze bei weitem an Höhe und Steilheit nachsteht.

Die Thalbildung war unverkennbar von zu gewaltiger Kraft-Aeufserung, als dafs die Sprung-Abhänge sie hätten beträchtlich modificiren können, und die Ausfüllung der Vertiefungen mit den Produkten der Abwaschung mufste sie dann noch immer mehr verstecken.

§. 231. Gleichzeitig wird es aber grade durch die Sprünge möglich, Schlüsse auf die Gröfse der Masse zu ziehen, die überhaupt von dem Kohlen-Gebirge hinweggerissen sein mag.

In Schlesien ist dies, so weit die zeitherigen Aufschlüsse reichen, nicht so beträchtlich, als man es in andern Ländern gefunden hat.

Bei dem Hauptsprunge zu Hermsdorf fehlen allerdings, da die Oberfläche keinen Absatz zeigt, von dem liegenden Gebirgsstück mindestens 32 bis 33 Lachter; allein denkt man sich diese wieder darauf, und setzt auch noch das hinzu welches die andern Sprünge bis zum südlichsten als Ansteigen ergeben (§. 45.), so kommt man noch immer nicht über das Maximum der Erhebung, welche die Oberfläche des Steinkohlengebirges auch heute noch zeigt. Es scheint also von der Bildung nicht mehr hinweggenommen zu sein, als was auch ohne Sprünge schon die Vertiefungen der Thäler beurkunden.

Eben so wenig ist dies in Oberschlesien der Fall. Wenn man dem höchsten Gebirgsstück auf Caroline-Grube über Maximiliane-Schacht so viel hinzurechnet, als die Sprünge *c* und *d* (Taf. V.) mehr betragen, wie der Abfall der Oberfläche: so bleibt dies immer noch unter den höchsten Stellen des Oberschlesischen Kohlengebirges. Imgleichen auf Königsgrube, wenn man über dem Flötztheil bei Einsiedel-Schacht (Taf. VII.) etwa 20 Lachter Gebirge sich aufgesetzt denkt.

§. 232. Noch möge hier die Bemerkung Platz finden, dafs im Allgemeinen die, durch Verschiebung von Massenstücken an der jedesmaligen Oberfläche entstandenen Abstuffungen, im ältern Gebirge ungleich höher waren als im jüngeren, dafs daher von ersterem viel mehr zerstört sein mufs als von letzterem, und dies wirft einiges Licht auf die Frage nach der Quelle, aus denen die Conglomerate und Sandsteine die erstaunliche Masse von Trümmern schöpften.

---

§. 233. Das wesentlichste Ergebnifs aus den gesammten Betrachtungen dieses Abschnitts dürfte sich etwa folgendermaafsen in gedrängten Worten ausdrücken lassen:

Ein Losreissen und sanftes allmäliges Fortbewegen eines Stückes der noch nicht zur Starrheit gekommenen Steinkohlen - Gebirgsmasse von und an einem andern ursprünglich damit ganz verbunden gewesenen — erfolgend durch die thätig gewordene Kraft der Schwere (in seltenen Fällen durch Hebung) — brachte die Trennung, Verschiebung und Reibung und mit ihnen fast alle die Erscheinungen hervor, welche in ihrer Verbindung den Namen eines Sprunges führen.

Dritter Abschnitt.

Aufsuchung verworfener Flötztheile.

§. 234. Wenn vor dem Orte irgend einer Strecke, die auf einem Steinkohlenflötze getrieben wird, dieses durch eine sich vorlegende Gesteinsfläche abgeschnitten erscheint: so ist vor allen Dingen zu untersuchen:

ob sich eine solche Fläche als Scheidungskluft in Dach und Sohle hinein fortzieht?

Wäre dies nicht der Fall: so ist das Vorkommen eine blofse Verdrückung, ein Hineinziehen des Daches oder der Sohle, oder auch beider zugleich, in das Flötz, wodurch es in seiner Mächtigkeit beeinträchtigt wird, oder, wiewohl nur selten, ganz verschwindet. Gewöhnlich zieht sich ein Kohlstreifen (Besteg) fort, der das Anhalten für das Ausrichtungsort giebt; wo dieser aber fehlt, mufs die Ablösung zwischen Dach und Sohle verfolgt werden, und wird dies um so zuverlässiger sein, je charakteristischer beiderlei Gesteine von einander unterschieden sind. Völlige Verdrückungen kommen noch am ersten dort vor, wo fester Sandstein oder Conglomerat die Flötzdecke bilden, dann fährt man nur an deren Grenze entlang, und wird das Flötz nicht leicht verfehlen etc.

§. 235. Zeigt dagegen die obige Untersuchung, dafs die das Flötz abschneidende Gesteins-Ablösung wirklich in Dach und Sohle fortsetzt: so haue man vor Ort das Gebirge herein, und fahre darin, rechtwinklich gegen die Streichlinie der Kluft, so weit fort, als es aus loser, lettiger, schaaliger oder rölliger Masse besteht, bis man (was gewöhnlich bald geschehen wird) wieder in regelmäſsig gelagertes Gebirge gelangt. Bekommt man nun hiermit das Flötz selbst in derselben Lage wie vorher, so war die Störung nur eine bloſse Scheidungskluft, oder, bei gröſserer Stärke, auch wohl ein sogenannter Riegel. Entgegengesetzten Falls hat man aber einen wirklichen Sprung von sich (§. 4.). Man befindet sich dabei in dem einen der getrennten Gebirgsstücke und soll den Flötztheil in dem anderen aufsuchen — das Flötz ausrichten.

§. 236. Entschieden wäre die Ausrichtung, wenn der Verwurf (§. 80.) nicht die ganze Mächtigkeit des Flötzes betrüge, weil dann durch die bloſse Durchbrechung des Kluftgesteines bereits der jenseitige Theil sichtbar geworden. Eben so wenn man hierbei den Theil eines diesseits bekannten Flötzes anträfe, und über die Identität kein Zweifel obwalten könnte *), weil sich dann, wie leicht einzusehen, aus der Stärke des Gesteinsmittels die Gröſse der Verwerfung des abgeschnittenen Flötzes finden lieſse.

§. 237. Wo sich aber die Auffindung des verworfenen Flötztheiles nicht in dieser Art sogleich ergiebt, muſs das jenseitige Gebirgsstück aufgeschlossen werden. Der Weg, auf dem solches geschieht, kann verschieden sein. Gewöhnlich soll derselbe möglichst sicher, kurz und mit dem mindesten Kosten-Aufwande verbunden sein; in den meisten Fällen aber auch noch dem Verfolg des gesammten Grubenbaues conveniren. Auf letzteres kann hier, wo bloſs die Ausrichtung selbst im

---

*) Wo die Flötze unregelmäſsig lagern, und die Stärke der Mittel gern wechselt, ist bei einer solchen Beurtheilung alle mögliche Vorsicht anzuwenden, besonders wenn ihr Resultat nicht den gewöhnlichen Sprung-Verhältnissen entsprechend scheinen sollte.

Allgemeinen abzuhandeln ist, nur beiläufig gerücksichtigt werden.

Die Ausrichtungs-Arbeiten bei einem Sprunge lassen sich in zwei Haupt-Abtheilungen bringen, je nachdem selbige entweder in der Grube, oder über Tage vorgenommen werden. In Betreff der ersteren dürften aber wieder zuvor einige allgemeine Vorschriften aufzustellen sein, ehe die speciellen Regeln gegeben werden können.

Erstes Kapitel.

Allgemeine Vorschriften über die Ausrichtung in der Grube.

§. 238. Die Ausrichtungs-Arbeiten in der Grube bestehen entweder in Ortsbetrieb *) oder in Bohrarbeit. Bei ersterem ist wieder zu unterscheiden, ob selbiger in der Kluft selbst, oder im Quergestein geführt wird.

A. Ortsbetrieb in der Sprungkluft.

§. 239. Die erste Regel für den Betrieb eines der Kluftlage folgenden Ortes ist die:

dafs es bei seinem Fortgange stets das jenseitige Gebirgsstück entblöfse,

und zwar treibt man dasselbe gern ganz oder doch zum Theil jenseits der Kluft, um so am wenigsten den darin aufzusuchenden Flötztheil zu verfehlen. Es ist dies auch um so rathsamer, als besonders bei schwachen Flötzen oft starke Verschmälerungen derselben an der Kluft vorkommen. Nur wenn etwa in jenem Stück das

---

*) Weil man auf stehenden Flötzen den Betrieb der Ueberbrechen und Abteufen im Flötze zum Ortsbetriebe rechnet: so erlauben wir uns auch hier, Kürze halber, dergleichen Auffahren in der Sprungkluft mit unter dem Ortsbetriebe zu begreifen, wenn es auch gewöhnlich Abteufen oder Ueberbrechen genannt wird.

Gestein sehr fest wäre, wird man sich lieber mehr diesseits halten.

§. 240. Dergleichen Oerter werden nun entweder nach der Streichlinie oder der Falllinie der Kluft getrieben, also söhlig oder tonnlägig (auch seiger).

Bei jedem streichenden Sprunge ist mit einem Orte in der Kluft der jenseitige Theil nur in tonnlägiger Richtung anzufahren (§. 69.).

Bei allen nicht streichenden Sprüngen mufs die Lage des Flötzes und die der Kluft gegen dasselbe, entscheiden, welcher von beiden Wegen der kürzere sey? Wenn ein Flötz unter 45 Grad einschiebt, und von einem querschlägigen Seigersprunge (§. 134.) verworfen würde: so müfste die Entfernung der Flötztheile nach der Falllinie der Kluft (also hier die seigere) ganz derjenigen nach der Streichlinie (der söhligen) gleich sein. Denkt man sich aber dieselbe Kluft, ohne Aenderung der Sprunghöhe, eine Neigung annehmend, so würde der horizontale Weg kürzer sein, als der tonnlägige.

Ueberhaupt, je weniger Kluft und Flötz in ihrer Neigung von einander abweichen, desto kleiner erscheint die horizontale Entfernung im Verhältnifs zur Sprunghöhe.

Da nun die Klüfte herrschend ein steiles und rechtsinniges Einfallen haben, so finden wir:

> dafs bei stehenden Flötzen die söhlige Aufsuchung näher zum Zweck führt, dagegen bei schwebenden Flötzen die Entfernung der Flötztheile nach der Falllinie der Kluft kürzer sein mufs. (Man vergl. §. 72. u. f.)

§. 241. Der allerkürzeste Weg, der in der Kluft bei Aufsuchung eines Flötztheiles einzuschlagen ist, wäre eigentlich derjenige, wenn man rechtwinklig gegen die Schnittlinie des abgeschnittenen Flötztheiles (§. 52.) nach der *darüber* oder *darunter* liegenden des aufzufindenden Flötztheiles hinführe (§. 81.). Es beträgt aber nicht sehr viel, was diese Linie bei schwebenden Flötzen kürzer ist, als die Entfernung nach dem Fallen der Kluft. In dem letzteren findet der Betrieb des Ueberbrechens oder Abteufens ein leichteres Anhalten, und zugleich ist es bei dieser Richtung am wahrscheinlichsten, dafs das Flötz damit in derselben Stärke und sonstigen Beschaffenheit angetroffen wird, wie diesseits an der Stelle des Abschneidung.

Bei stehenden Flötzen hingegen weicht die Länge jener Linie nicht bedeutend von der des horizontalen Weges ab, und diesen verlangt gewöhnlich schon der Grubenbau, der Wasserlösung etc. wegen.

B. Ortsbetrieb im Nebengestein der Kluft.

§. 242. Ein Ortsbetrieb durchs Quergestein der Kluft zur Aufsuchung des jenseitigen Flötztheiles wird (mit seltenen Ausnahmen, wo besondere Verhältnisse eine Abweichung mit sich bringen) immer söhlig sein müssen:

Die Veranlassung dazu kann sein:

a) dafs damit der Flötztheil auf kürzerem Wege zu erreichen ist, also in allen den Fällen, wo beide Flötztheile durch eine rein querschlägige Linie zu verbinden sind (§. 101. Fig. 45. §. 102. Fig. 46. §. 112. Fig. 51. §. 114. Fig. 52. §. 118. Fig. 53. §. 127. Fig. 59. §. 133. Fig. 63. §. 135. Fig. 67.).

b) Erscheint hingegen dieser Weg länger, so müssen andere Umstände obwalten, die ihn dennoch rathsam erscheinen lassen. Wenn man z. B. bei einer mächtigen Kluft befürchten müfste, dafs die in selbiger zu treibende Strecke einem starken Drucke der meist sehr losen Erfüllungsmasse unterliegen würde; wenn man der

Förderung, oder auch des Wetterwechsels wegen, die scharfen Ecken abstumpfen will u. dgl. m.

Im Allgemeinen ist jedoch bei jedem Verlassen der Kluft alle Vorsicht anzurathen, und es dort lieber ganz zu vermeiden, wo eine Mehrzahl von Sprüngen, und aufser diesen auch noch andere Flötzstörungen oder Unregelmäfsigkeiten in der Lagerung vorkommen.

C. Aufsuchung durch Bohren.

§. 243. Was so eben über die nothwendige Vorsicht beim Ortsbetrieb im Quergestein gesagt ward, gilt in noch höherem Grade von der Bohr-Arbeit, die stets das Unangenehme hat, dafs ein damit getroffener Flötztheil nicht näher untersucht werden kann. Namentlich wo eine Mehrzahl von Flötzen übereinander liegt, hält es dann oft schwer, die corespondirenden Theile zu bestimmen. Dazu kommt, dafs die Bohr-Arbeit, in einem nur beschränkten Raum dazu darbietenden Orte, ihre Schwierigkeiten hat, und so dürfte es denn meistens besser erscheinen, statt des Bohrens ein Ort etc. zu treiben. Nur etwa den Fall ausgenommen, wo man starker Wasserzuflüsse wegen nicht abteufen könnte. Gewöhnlich wird aber die Bohr-Arbeit besser über Tage geschehen können; denn entweder sind die Baue noch flach, wenn sie in ein unbekanntes Feld vorrücken, oder die Verwerfungen bereits in den obern Sohlen ausgerichtet gewesen, also bekannt. Nur bei starker Bedeckung des Kohlengebirges kann das Bohren in der Grube nicht umgangen werden. Als ein Beispiel, wie in Fällen, wo keine Deckung (§. 83. etc.) vorhanden, das Bohrloch anzusetzen ist, wird hier auf Fig. 38. und 40. verwiesen, in denen *ac* ein dieserhalb getriebenes Oertchen und *ce* das Bohrloch. Andere Fälle werden wir weiter unten anzuführen haben.

Zweites Kapitel.

Besondere Regeln für die Ausrichtung.

§. 244. Wie im ersten Hauptabschnitt (§. 21. etc.) dargestellt, giebt es dreierlei Arten von Verwerfungen, Sprünge, Uebersprünge und Seigersprünge. Ob man vor dem Orte eine der ersteren oder der zweiten Art angefahren, darüber fehlt oft jede Anzeige an der Stelle der Abschneidung, und eben so leicht kann bei einem Seigersprunge jedes Merkmal fehlen, ob das jenseitige Stück tiefer oder höher liegt.

Da nun aber die Sprünge (im engern Sinne) am allergewöhnlichsten sind (§. 21.), so mufs ein vorkommender Verwurf immer zunächst für einen solchen angenommen werden, wenn nicht besondere Umstände etwas anderes vermuthen lassen. Von letzteren wird später die Rede sein.

Um die Regeln der Aufsuchung bestimmter und kürzer zu fassen, sind hier zuvörderst einige Ausdrücke festzustellen.

§. 245. Wenn eine nicht seigere Sprungkluft mit einer streichenden Strecke angefahren wird: so erbrach man selbige entweder zuerst an der Firste oder über der Sohle, sie fällt also entweder dem Ortsstofse ab, oder zu. Weil man sich nun diesen Stofs hierbei immer seiger vorstellen mufs: so ist es gleichgültig: man sagt, die Kluft fällt dem Orte ab oder zu, oder man bestimmt ihre Lage durch die Worte; sie fällt dem Lothe ab oder zu.

Da jedoch in schwebenden etc. Strecken der, nur gegen die Flötzlage rechtwinkliche, also bei geneigten Flötzen nicht senkrechte Ortstofs, kein Anhalten abgiebt: so ist es besser, sich nach dem Verhalten gegen das Loth auszudrücken. Am allerbesten erscheint es aber, unter Ab- und Zufallen einer Sprungkluft dasjenige Verhalten ihrer Lage zu verstehen, wonach man sich an der Stelle der Abschneidung entweder in derem Liegenden oder derem Hangenden befindet. Dies soll im nachfolgenden stets beobachtet werden.

§. 246. Die Ausdrücke Sprünge ins Liegende und Sprünge ins Hangende (§. 97.) können, aufserdem dafs statt Liegendes und Hangendes besser Sohle und Dach zu sagen, bei nicht streichenden Sprüngen einer Zweideutigkeit unterliegen.

Einmal wird, wie solches auch gewöhnlich geschieht, damit das Verhalten bezeichnet, dafs der jenseitige Flötztheil mit seiner Schnittlinie auf der Sohle oder dem Dache des diesseitigen (abgeschnitten gefundenen) liegt. Ein andermal aber wieder blofs die tiefere oder höhere Lage jenes Flötztheiles. Für gewöhnlich wird allerdings beides mit einander übereinkommen, da die sogenannte Seitenverschiebung (§. 80.) in die Sohle zu gehen pflegt, wenn der zu suchende Flötztheil tiefer, und umgekehrt ins Dach, wenn er höher liegt. Allein dafs dies nicht immer der Fall sein mufs, ergiebt sich aus einer Vergleichung von §. 110. mit §. 112. und Fig. 49. mit Fig. 51.

Wir werden daher diese Ausdrücke lieber zu vermeiden suchen; wo sie aber bei nicht streichenden Sprüngen etwa in Anwendung kommen, sollen sie allemal blofs im erstern Sinne, also in Betreff der Seiten-Verschiebung gelten. Dies erscheint um so mehr gerechtfertigt, als man von einem Sprunge, wo gar keine Seiten-Verschiebung vorhanden ist (§. 111. Fig. 50.), nicht sagen könnte, dafs er in die Sohle oder in das Dach gehe.

Bei streichenden Sprüngen kann keine Zweideutigkeit statt finden.

I. Ausrichtungsregeln bei Sprügen (im engern Sinne (§. 97. etc.)

A. Für die Oerter in der Kluft und zwar

a) Für den tonnlägigen Weg.

§. 247. Man hat an der Stelle der Abschneidung, um den jenseits der Kluft liegenden Theil des abgeschnittenen Flötzes sicher zu finden:

1) bei zufallender Kluft in deren Falllinie überzubrechen, dagegen
2) bei abfallender Kluft abzuteufen.

§. 248. *b*) Für den söhligen Weg (in der Streichlinie der Kluft):

1) ist die Kluft zufallend, so hat man in das Dach,
2) ist sie abfallend, in die Sohle aufzufahren.

§. 249. Diese beiden Regeln werden bei keinem der Sprünge, welche wir wirklich in der Natur beobachtet haben, irre führen, allein wenn der Fall §. 112. Fig. 51. einträte (wie er bei Gängen doch schon vorgekommen ist), würden die angegebenen söhligen Richtungen der Aufsuchung falsch sein.

Ein solches Verhalten könnte blofs auf stehenden Flötzen vorkommen, wo stets söhlig ausgerichtet wird, und es geht aus Fig. 51. hervor, dafs man hier grade entgegengesetzt aufzufahren haben würde.

§. 250. Wollte man daher zwei allgemein gültige, auch diesen möglichen Fall einschliefsende Regeln für die söhlige Ausrichtung aufstellen: so müfste man diese nach der Lage der Schnittlinie gegen die Fall- oder Streichlinie der Kluft geben (§. 104. 105. und 106.).

Wenn vor dem Orte einer streichenden Strecke *A* Fig. 126. und Fig. 127., wo die Sprungkluft *BB* angefahren ward, diese ganz frei gehauen wird, so werden die beiden Linien sichtbar, in denen die Ebene des Daches und die der Sohle abgeschnitten erscheinen (*ac* und *bd*); beide sind parallel und ihre Lage entspricht der Schnittlinie (§. 52.). Ferner läſst sich auf der entblöſsten Kluftfläche deren Falllinie *be* und Streichlinie *gf* ziehen.

Nun können folgende Verhältnisse in der Lage dieser Linien gegen einander statt finden:

1) Wenn einmal die beiden Abschnittslinien mit der Falllinie der Kluft gleichlaufend wären, so wäre gar keine Seitenverschiebung vorhanden, folglich das Aufsuchen des jenseitigen Flötztheiles mit der Durchbrechung des Kluftkesteines entschieden (man s. die Bedingungen hiezu §. 111. Fig. 50.).

2) Wenn dieselben mit der Falllinie nicht parallel sind, so können sie auf zweierlei Art liegen:

Einmal (wie wir zeither immer bei Sprüngen beobachtet) weichen die Abschnittslinien von der Falllinie der Kluft abwärts nach der Seite ab, wohin das Flötz einschiebt, und dafür gelten die obigen Regeln (§. 248.) Fig. 126.

Im zweiten Falle (§. 112.) Fig. 127. durchkreutzen abwärts die Abschnittslinien die Falllinie in der Richtung, wohin das Flötz seine Sohle kehrt, also der Neigungsrichtung des Flötzes grade entgegengesetzt. Hier müſste das söhlige Ausrichtungsort bei zufallender Kluft in die Sohle, und bei abfallender in das Dach getrieben werden.

Noch anschaulicher lassen sich die Regeln nach den Winkeln der Abschnittslinien mit der Streichlinie der Kluft geben. Wenn diese Winkel nicht rechte sind (wo die Seitenverschiebung ganz fehlt), so hat man sich

1) bei zufallender Kluft söhlig nach der Seite hinzuwenden, wo der Winkel *agf* einer jeden

Abschnittslinie mit der Streichlinie der Kluft *gf* und zwar oberhalb dieser stumpf ist, und

2) bei abfallender Kluft nach der Richtung, nach welcher der spitze Winkel über der Streichlinie *bfg* sich öffnet.

Noch kürzer könnte man sagen:

Wenn der Sprungwinkel (§. 57. etc.) spitz ist (Fig. 126.), hat man bei zufallender Kluft ins Dach, bei abfallender in die Sohle; wenn jener Winkel stumpf ist (Fig. 127.), aber in der entgegengesetzten Richtung aufzufahren.

Um sich dies recht anschaulich zu machen, mufs man nur immer die Vorstellung festhalten, dafs der ganze Verwurf des Flötzes (die Seitenverschiebung) auf nichts anderem beruht, als auf der schiefen Lage der Schnittlinien gegen die Falllinie der Kluft, und dafs bei einem jeden Sprunge (im engern Sinne) die Schnittlinie des hangenden Flötztheiles immer unter derjenigen des liegenden Flötztheiles liegen mufs.

Kommt man mit dieser klaren Vorstellung an den gehörig entblöfsten Abschnittspunkt eines Flötzes, und sieht dort nur eine der Linien, in denen eine Flötz- oder eine andere Schichtfläche vor der Sprungkluft abgeschnitten wird: so kann man nie über die Richtung des Suchortes in Zweifel sein.

§. 251. Ueber die alte Regel. In früheren Zeiten, ehe man mit den Sprung-Verhältnissen näher bekannt war, richtete man sich bei der söhligen Ausrichtung eines durch einen spieseckigen Sprung verworfenen Flötztheiles blofs nach den Winkeln, welche die Streichlinie der Kluft mit der des Flötzes macht, und fuhr nach der Seite hin, wo der stumpfe Winkel liegt (Fig. 128.).

Dafs diese Regel ziemlich selten irre führte, liegt in dem Umstande, dafs die spieseckigen Sprungklüfte meist recht und steiler als das Flötz fallend sind, wobei stets der andere Flötztheil nach jener Richtung zu finden ist.

Bei einem (jedoch nur selten ganz genau) querschlägigen Sprunge sind aber jene Winkel rechte, und die Regel war nicht anzuwenden. Da nahm man mitunter (und zwar ganz richtig (§. 107.)) die Lage der stumpfen Winkel der Ebenen zum Anhalten.

Bei einem jeden widersinnig fallenden spieseckigen Sprunge (oder wenn der Fall §. 112. Fig. 51. vorkommen sollte) gab hingegen jene Regel den Weg falsch an, denn es ist hier nach dem spitzen Streichwinkel aufzufahren (Fig. 129.), und die Winkel der Ebenen können spitze, rechte oder stumpfe sein.

§. 252. Bei Ausrichtung stehender Flötze ist kein anderer, als der söhlige Weg einzuschlagen (§. 240.). Weil der Grubenbau auf schwebenden Flötzen es aber meist auch erfordert, die durch einen Sprung getrennten Flötztheile in söhlige Verbindung zu setzen, so entsteht die Frage:

Wann hat man etwa nöthig, die Untersuchung auf tonnlägigem Wege dem söhligen Auffahren vorangehen zu lassen?

Man kann sich durch erstere bald und mit geringem Kosten-Aufwande von der Höhe des Sprunges und der Beschaffenheit des jenseitigen Flötztheiles überzeugen, und besonders bei gleichzeitigem Bau auf mehreren Flötzen beurtheilen, ob wirklich die corespondirenden Theile, oder besser der diesseitige Theil eines gewissen Flötzes mit dem jenseitigen eines anderen in Verbindung zu setzen sind? — ob es zweckmäfsiger, den jenseitigen Bau für sich vorzurichten, u. dgl. m., was die Localität näher bestimmen mufs. Nothwendig ist ferner die tonnlägige Untersuchung, wenn die schwebenden Flötze sattel- oder muldenförmig lagern, denn da könnte es vorkommen, dafs bei hinreichend hohem Sprunge, mit abfallender Kluft, das treichende Ort über die Sattelkante hinwegführe, oder bei zufallender Kluft unter der Mulde hinginge, also in beiden Fällen das Flötz gar nicht träfe.

Hauptsächlich aber an solchen Punkten, wo ein Zweifel zuläfsig ist ob man es auch wirklich mit einem Sprunge (im engern Sinne) zu thun habe? ist es rathsam, die Untersuchung auf tonnlägigem Wege zu veranstalten, denn wenn man auch hiermit nach einer irrigen Seite käme, so hat man weniger verloren, als wenn ein ungleich längerer und kostbarer Querschlag fruchtlos getrieben wäre.

Ueberflüssig ist dagegen die Belegung eines tonnlägigen Ortes, wenn die Höhe des Sprunges schon durch obere Baue bekannt ist, oder mit Sicherheit daraus beurtheils werden kann, dafs sich vor dem Orte jenseits der Kluft der Theil eines diesseits bekannten Flötzes anlegt.

Nebengesteinsschichten werden, wegen ihrer häufigen Veränderung in Teufe und Erstreckung, hierzu meist kein genügendes Anhalten geben. Bisweilen ist dies aber doch der Fall, wie z. B. auf der David-Grube, wo das Flötz Schieferthon zur Sohle und Conglomerat zum Dache hat, wo man daher gleich an der Stelle eines Sprung-Abschnittes sehen kann, ob es ins Liegende oder Hangende verworfen, je nachdem sich Conglomerat oder Schieferthon vor Ort zeigt.

B. Aufsuchung durchs Nebengestein der Kluft.

§. 253. Bei einem jeden widersinnig fallenden Sprunge läfst sich ein rein querschlägiges Ort durchs Nebengestein der Kluft treiben, und wird damit der jenseitige Flötztheil immer eher zu erreichen sein, als mit dem Auffahren in der Streichlinie der Kluft. Eben so beim etwaigen Vorkommen eines recht und schwächer als das Flötz fallenden Sprunges (Fig. 52. und Fig. 51.)

Für die dem Orte zu gebende Richtung in das Dach oder die Sohle, gelten die obigen Regeln.

Ob, bei nicht streichenden dergleichen Sprüngen, dies Ort an der Stelle der Abschneidung, oder von derselben, nach Lage der Kluft und nach vorher auf tonnlägigem Wege untersuchter Sprunghöhe, mehr oder weniger rückwärts anzusetzen sei, etwa in Bezug auf Abkürzung der Förderung etc., kann hier außer Acht bleiben. Wo die Winkel der Ebenen spitz sind (§. 112. u 114.) kann man bisweilen durch Stoßung eines Bohrloches in der Richtung des Perpendikels am schnellsten die Sprunghöhe ermitteln.

§. 254. Bei dergleichen streichenden Sprüngen hat man, wenn die Ausrichtung vom liegenden Flötztheil erfolgen soll, darauf zu achten, daß der Querschlag den jenseitigen Theil im Tiefsten löse, weshalb öfters vorher die Ermittelung der Sprunghöhe auf tonnlägigem Wege oder auch durch Bohren statt finden muß. Eine geometrische Zusammenstellung oder trigonometrische Berechnung ergiebt dann, wie weit unter der Stelle der Abschneidung der Querschlag anzusetzen ist.

§. 255. In Betreff der Ausrichtung von Flötzen auf solchen Punkten, wo eine Mehrzahl von Sprüngen vorkommt, ist hier auf die Darstellung der dabei obwaltenden Verhältnisse im ersten Abschnitt Bezug zu nehmen, welche das zu beobachtende Verfahren von selbst an die Hand geben dürften, und mögte nur etwa nachfolgendes zu bemerken nicht überflüssig sein.

Bei zwei parallelen oder parallel streichenden Sprüngen ist ganz einfach ein jeder Flötztheil so aufzusuchen, wie es jeder Sprung einzeln erfordert. Eben so bei Nebensprüngen, nur muſs man hierbei, besonders wenn man auf schwachen Flötzen baut, deren Theile selbst durch solche kleine Sprünge leicht ganz auseinandertreten, Acht haben, daſs man einen dergleichen, dem Hauptsprunge vorangehenden, Verwurf nicht vielleicht schon für den Hauptsprung selbst annimmt, und dadurch einen Flötzstreifen unaufgeschlossen läſst. Ein genaues Auftragen des Abbaues auf das Grubenbild und Prüfung dessen, was darauf von der Flötzfläche nach Maaſsgabe des Fallens und der Höhe der Sprünge als fehlend erscheinen kann, wird am besten dergleichen Verstöſse verhüten.

Bei zwei sich schaarenden Klüften, die beide ziemlich nach gleicher Richtung einschieſsen, findet bei jedem einzelnen die gewöhnliche Ausrichtung statt, und ist nur darauf zu achten, daſs über die Schaarungslinie hinaus die beiden äuſseren Flötztheile sich so verhalten, daſs dabei die vereinte Wirkung beider Sprünge hervortritt. Wenn die Klüfte einander zu- oder abfallen: hat man noch im Besonderen zu berücksichtigen, daſs man bei einer Ausrichtung in der Streichlinie der einen oder der andern Kluft, den zwischen ihnen liegenden Flötztheil nicht etwa in einem Niveau suche, über oder unter welchem er sich bereits ausgespitzt hat. (Man vgl. §. 160. Fig. 84., wobei man sich aber den einen oder andern Theil der ältern Sprungkluft und die durch diesen Theil bewirkte Trennung der Flötze hinwegdenken muſs.)

Noch etwas verwickelter sind die Verhältnisse bei zwei sich verwerfenden Sprungklüften, allein zu selten so bestimmt vorgekommen, daſs hier darauf weiter eingegangen werden sollte. Uebrigens kommt es auch nur darauf an, sich in der Vorstellung der verschiedenen Lagen der Ebenen und ihrer Schnitte einige Uebung zu verschaffen, und es hält nicht schwer, alle nur irgend denkbaren Combinationen zu entwirren, und daraus Regeln für die Ausrichtungs-Arbeiten abzuleiten.

II. Bei Uebersprüngen.

§. 256. Dafs bei einer Verwerfung das Hangende der Kluft höher als deren Liegendes getroffen wird, ist, wie schon öfter gesagt, eine seltene Erscheinung. Man kann beim Anhiebe einer solchen Kluft vor einem Orte das mit ihr verbundene abnorme Verhalten gewöhnlich nicht bestimmt erkennen, sondern es nur aus manchen besondern Umständen vermuthen. Solche sind:

1) Eine Biegung des Flötzes oder seiner Schichtflächen, oder der Schieferthon-Einfassung an den Abschnittspunkten (§. 151.) und zwar am hangenden Flötztheil abwärts, beim liegenden aufwärts, mithin von dem einen Flötzheil nach dem anderen hingerichtet, so dafs dies schon den Ausrichtungsweg von selbst anzeigt.

2) Eine sehr flache Lage der Kluft, welche sich gern auch der des Flötzes sehr annähert.

3) Wenn auf einer Grube schon Uebersprünge vorgekommen sind.

4) Wenn ferner in der Nachbarschaft bereits anderweitige Verziehungen der Kohle, wulstartige Anhäufungen etc. getroffen worden.

5) Wenn der Abschnitt auch noch mit einer benachbarten Strecke angehauen sein, und sich dort verschiedenartig zeigen sollte.

6) Wenn die in Bau stehenden Flötze in scharfen Mulden oder Sätteln abgelagert sind, die nicht das Gepräge des ursprünglichen Absatzes tragen.

7) Wenn das Kohlengebirge mit Porphyrmassen in Conflict gekommen ist, und namentlich wenn dem Abschnittspunkte dergleichen vorliegen. Entschieden wäre aber das Verhalten

8) wenn sich vor dem, durch die Kluft abgeschnittenen Flötz der jenseitige Theil eines diesseits bekannten Gesteines, noch besser eines Flötzes, vorlegt, welcher sich nur durch das Höherliegen des Hangenden der Kluft in dieser Lage befinden kann.

§. 257. Im letztern Falle bedarf es gar keiner eigentlichen Aufsuchung. Diese selbst anlangend: so sind von den vorstehenden die, unter 1. und 2. angeführten Anzeigen, in so ferne sie vorhanden, noch die sichersten. Die andern von 3. bis 7. sind indessen nicht von der Art, um das Vorkommen sogleich für einen Uebersprung anzusprechen, werden aber doch wenigstens in so weit wichtig, dafs man Anstand nehmen wird, etwa kostbare Ausrichtungs-Arbeiten auszuführen, die fruchtlos wären, wenn man sich getäuscht hätte.

Hier wird es vorzugsweise darauf ankommen, sich auf dem kürzesten Wege von dem Verhalten Ueberzeugung zu verschaffen; und es ist kein anderer Ortsbetrieb rathsam, als der der Kluft folgende, auf stehenden Flötzen in ihrem Streichen, auf schwebenden tonnlägig. Dabei ist auf jedes Kohlentrumm und Besteg Acht zu haben, um nicht die Kluft selbst zu verlieren, anderseits aber auch die gehörige Entblöfsung des jenseitigen Gebirgsstückes nicht zu verabsäumen.

§. 258. Angenommen, man habe den Verwurf für einen gewöhnlichen Sprung angesehen, und fahre nach den Regeln §. 247. oder §. 248. auf, so hat man aufzumerken, ob sich hierbei nicht noch an der Kluft Biegungen der Schichtenflächen zeigen, die man an der Abschnittsstelle vermifste und die einen Uebersprung andeuten? Auch wird sich in manchen Fällen die ganze

Kluft in einem verworrenen schiefrigen Gestein zu verlieren scheinen. Dann dürfte es Zeit sein, mit dem Orte vorläufig nicht weiter fortzugehen, sondern sich vorerst Ueberzeugung zu verschaffen, ob man es nicht mit einem Uebersprunge zu thun habe?

§. 259. Die Ausrichtungsart bei Uebersprüngen hier in Haupt-Regeln zu bringen, scheint uns von keinem sonderlichen practischen Nutzen zu sein. Wer es will, kann sie sich leicht aus den oben, für Sprünge gegebenen ableiten, indem nur die Richtung für die Ausrichtungsörter entgegengesetzt gegen die dortige anzunehmen ist. Wohl aber dürfte es nicht überflüssig sein, hier im Besonderen hervorzuheben, wie man sich am schnellsten von dem Stattfinden eines Uebersprunges überzeugen kann?

A. Verfahren bei nicht streichenden Uebersprüngen.

§. 260. Bei allen dergleichen Uebersprüngen mit spitzen Sprungwinkeln (§. 125. Fig. 58. §. 127. Fig. 59. und §. 130. Fig. 62.) ist am besten:

a. Auf schwebenden Flötzen

1) bei abfallender Kluft überzubrechen, und

2) bei zufallender Kluft ein Bohrloch in die Sohle zu stoßen. Wird damit der Flötztheil getroffen: so ist hernach die söhlige Verbindung bei Fig. 58. querschlägig in der Streichlinie der Kluft, bei Fig. 59. aber durchs Nebengestein, und bei Fig. 62. spieseckig nach dem stumpfen Streichwinkel herzustellen.

b. Auf stehenden Flötzen

wird man die letzteren Wege sogleich zu wählen haben, und zwar bei abfallender Kluft ins Dach, bei zufallender in die Sohle fahren müssen.

Uebersprünge mit stumpfen Sprungwinkeln könnten nur auf stehenden Flötzen vorkommen und würde man sich bei ihnen in der Streichlinie der

Kluft, wenn diese abfallend, in die Sohle, — wenn sie zufallend aber in das Dach zu wenden haben. (Fig. 61. §. 129.) (Man vergl. §. 250.).

Bei rechten Sprungwinkeln wäre keine Seitenverschiebung vorhanden (Fig. 60. §. 128.).

B. Verfahren bei streichenden Uebersprüngen.

§. 261. Bei einer dergleichen, mit recht und steiler als das Flötz fallenden Kluft (§. 118. Fig. 53.) ist:

1) wenn man sich auf dem liegenden Flötztheil befindet, überzubrechen, und

2) wenn man in ihrem Hangenden steht, ein Bohrloch in die Sohle zu stofsen; demnächst aber die Verbindung der Theile durch einen Querschlag zu bewirken, wobei das oben §. 254. Gesagte zu berücksichtigen ist.

Bei einem streichenden Uebersprunge mit schwächerer Tonnlage als die des Flötzes (Fig. 55. §. 119.) bleibt nichts übrig, als abzuteufen oder überzubrechen, je nachdem man auf dem hangenden oder liegenden Flötztheil an die Kluft gelangte.

Bei jedem widersinnig fallenden streichenden Uebersprunge (§. 120. Fig. 56.) gilt ganz dasselbe, nur dafs man hier vom hangenden Flötztheil aus, statt des Abteufens ein Bohrloch stofsen kann.

III. Bei Seigersprüngen.

§. 262. Bei dem — obwohl selten ganz seigeren Stande einer Sprungkluft können nur die Biegungen der dadurch abgeschnittenen Flötztheile etc. (§. 151.) oder ein Vorangehen nicht senkrechter Nebensprünge, oder die Beschaffenheit des vor Ort hinter der Kluft liegenden Gesteins, ein Anhalten zur Aufsuchung des jenseitigen Flötztheiles geben.

Hier ist es besonders rathsam, mit der Ausrichtungs-Arbeit die Kluft nicht zu verlassen, weil man sich dadurch am besten vergewissern kann, ob der seigere Stand an der Stelle der Abschneidung nicht vielleicht blofs local ist, und sich weiterhin in eine Neigung nach einer bestimmten Richtung verläuft, wodurch sich das Verhalten auf einen gewöhnlichen Sprung reduciren, und dies den Verfolg der Ausrichtung bestimmen würde.

§. 263. Bei allen streichenden Seigersprüngen (Fig. 63. u. f.), und eben so bei nicht streichenden, wenn das Flötz schwebend ist, hat man nach der Richtung der Biegung etc. in der Kluft seiger überzubrechen oder abzuteufen.

Bei stehenden Flötzen ist der durch die Biegungen etc. angedeutete Weg sogleich söhlig einzuschlagen.

§. 264. Wo Deckung nach dem Perpendikel statt findet, Fig. 63. und Fig. 67., kann die Ausrichtung auch durch einen Querschlag im Nebengestein geschehen, was jedoch ohne weiteres nur dort rathsam ist, wo man von der Richtung des Verwurfes bereits einige Uebezeugung hat.

§. 265. Wenn man aber einmal alle Anzeigen darüber vermissen sollte, ist jeder zu wählende Weg nur eine Probe, den jenseitigen Flötztheil hier aufzufinden, und ihn, wenn dies fruchtlos, auf der entgegengesetzten Seite zu suchen.

Die einzige Regel ist die, dafs man sucht, auf dem kürzesten Wege möglichst viel Gebirgsschichten zu entblöfsen.

§. 266. Die Beobachtung aber, dafs die Natur bei der Bildung der Sprünge gern die spitzen Winkel vermieden zu haben scheint, so dafs nur selten perpendiculaire Deckung vorkommt, dürfte es rathsam machen:

die Ausrichtung, wenigstens zuerst, nach dem stumpfen Winkel der Streichlinien und der Ebenen vorzunehmen.
Auf einen genau querschlägigen Seigersprung, wo beiderlei Winkel **rechte** sind, findet dies natürlich keine Anwendung.

Drittes Kapitel.

Aufsuchung des verworfenen Flötztheiles durch Schürfen.

§. 267. Die Aufsuchung eines Flötztheiles hinter einer in der Grube vor irgend einem Orte angefahrenen Sprungkluft — **durch Schürf-Arbeiten über Tage**, wird mit Nutzen in Anwendung kommen:

1) Wo kein allzumächtiges anderes Gebirge über dem Steinkohlen-Gebirge liegt, namentlich keine losen und wasserreichen Massen.

2) Wo es — etwa nach Beschaffenheit des hinter der Kluft erbrochenen Gesteines — den Anschein gewinnt, dafs man es mit einer sehr bedeutenden Verwerfung zu thun habe, und

3) wo es daher möglich ist, dafs man mit der zeitherigen tiefsten Sohle jenseits, das Flötz entweder gar nicht ausrichten, oder doch keine hinreichende Pfeilerhöhe erhalten würde.

4) Wo es bei mulden- oder sattelförmiger Lagerung darauf ankommt, zu wissen, in welchem Niveau die tiefste oder höchste Kante liegt, um darnach den Querschlagsbetrieb zu bestimmen.

5) Wo es denkbar ist, dafs der jenseitige stark verworfene Flötztheil aufser dem vermessenen Felde der Grube liegen kann.

6) Wo bei dem Bau auf einem einzelnen schwachen Flötze zu befürchten steht, dafs selbiges hinter dem

Sprunge vielleicht gar nicht in bauwürdiger Stärke und Beschaffenheit anzutreffen sei.

7) Wo feste Gesteine den Betrieb eines — möglicherweise fruchtlosen — Ausrichtungsortes sehr kostspielig machen, besonders aber

8) wo man mit der Beschaffenheit des ganzen Gebirges nur erst wenig bekannt ist, und daher leicht noch andere Flötze erschürfen kann, deren Theile in kürzeren Längen zu erreichen sind, als der dem abgeschnitten gefundenen entsprechende.

Noch mancherlei andere Umstände können hin und wieder die Local-Verhältnisse mit sich bringen, was hier dahin gestellt bleiben mufs.

A. Verfahren bei einem nicht streichenden Sprunge.

§. 268. Um die nachfolgenden Vorschriften anschaulicher zu machen, wird in Fig. 132. ein kleiner Situationsplan nebst dem Bau auf zwei durch einen Sprung verworfenen Flötzen beigefügt.

§. 269. Vor allem anderen hat man das Ausgehende des diesseitig abgeschnitten gefundenen Flötztheiles zu wissen nothwendig. Dies wird gewöhnlich aus dem bereits vorhandenen Grubenbilde zu entnehmen, und über Tage nicht schwer zu bestimmen sein.

§. 270. Demnächst mufs man das Ausstreichen der Sprungkluft zu finden suchen.

Hierzu bedarf man eines Anhaltspunktes E, wo nehmlich der Flötztheil am Ausgehenden abgeschnitten wird. Dieser Punkt ergiebt sich sehr leicht aus dem Grubenbilde, wenn die Sprungkluft zugleich auch noch mit einer zweiten streichenden Strecke in höherem oder tieferem Niveau angehauen wird, weil dadurch die Lage der Schnittlinie im Grundrifs genau bestimmt erscheint, und nur zu verlängern ist, um ihren Durchschnitt mit dem Ausbeifsen des Flötzes bei *E* zu haben.

Wäre keine solche zweite Strecke vorhanden, so mufs die Lage der Schnittlinien an der Stelle der Abschneidung mit dem Compafs abgenommen, und auf den Grundrifs aufgetragen werden.

Dies Abnehmen hat jedoch viel Unsicherheit, und wird es daher gewöhnlich besser sein, den Winkel *EAB* aus dem Fallen und Streichen des Flötzes und der Kluft, also aus der Lage der beiderlei Ebenen gegeneinander zu berechnen, wie solches unten §. 295. angegeben ist.

Das Streichen und Fallen der Sprungkluft wird entweder an dem Abschnittspunkte möglichst genau abgenommen, oder wenn dieselbe etwa noch auf einer zweiten oder gar dritten Stelle entblöfst sein sollte, besser nach §. 275. gefunden. Nach diesem Streichen und Fallen, und mit Berücksichtigung der Erhöhungen und Vertiefungen des Tagegebirges, ist nun das Ausgehende der Kluft so gut als möglich anzugeben, und man erhält dadurch an der Oberfläche die Grenze zwischen den beiden getrennten Gebirgsstücken.

§. 271. Das jenseitige soll nun durch Schürfen untersucht werden. Theils weil sich das Ausbeissen der Kluft gewöhnlich nicht ganz scharf bestimmen läfst, theils wegen möglicher Wendungen derselben, theils auch um, bei spieseckiger Lage der Kluft, die Schürfarbeit in querschlägiger Linie zu verfolgen, rückt man mit dieser gern etwas über die besagte Grenze hinaus.

Der erste Versuch wird in der ohngefähren Verlängerung des diesseitigen Flötz-Ausgehenden gemacht, und von da ab die Arbeit in der Richtung der Sohle oder des Daches fortgesetzt, je nachdem es die Stelle der Abschneidung und die obigen Regeln (§. 247. etc.)

ergeben, wobei zunächst immer, in Ermangelung besonderer Anzeigen des Gegentheiles, vorauszusetzen ist, dafs man einen Sprung im engern Sinne vor sich habe. Sollte dies aber vergeblich sein, so hätte man sich dann nach der entgegengesetzten Seite hinzuwenden.

§. 272. Hat man endlich den gesuchten Flötztheil angetroffen, so kann man, wenn das Tagegebirge söhlig ist, gleich aus der Lage der beiderseitigen Flötz-Ausgehenden die Gröfse der horizontalen (querschlägigen) Seitenverschiebung (§. 80.) finden, und dann die Länge der söhligen Ausrichtung und nöthigenfalls auch die Höhe des Sprunges (nach §. 296.) berechnen.

Gut wird es sein, den erschürften Flötztheil etwas ins Einfallende zu verfolgen, theils schon um dessen Beschaffenheit zu untersuchen, theils auch um sein, zu jener Berechnung nothwendiges Hauptfallen zu erfahren, da dies sich bisweilen hinter dem Sprunge verschieden vom diesseitigen zeigt.

Wo etwa das Tagegebirge sehr uneben ist, wird man das Ganze aufzunehmen und auf der Zulage die krummen Ausgehenden auf Hauptstreichlinien in einem Niveau zu reduciren haben, wo sich dann die rein querschlägige, und die schiefe söhlige Entfernung der Flötztheile abnehmen, die Sprunghöhe aber berechnen läfst.

Geschah die Schürfarbeit blofs mit Bohrlöchern: so wird man darauf bedacht sein müssen, den Flötztheil mit 2 oder 3 derselben zu erbohren, um daraus das Fallen, und wenn etwa das dritte nicht in derselben Linie steht, auch das Streichen (nach den bekannten Vorschriften darüber) zu berechnen.

B. Verfahren bei einem streichenden Sprunge.

§. 273. Die Kluft eines streichenden Sprunges wird entweder in einer schwebenden, oder in einer einfallenden Strecke angehauen. Es ist also entweder der am Ausgehenden liegende Flötztheil der verworfene, oder der andere. Häufiger wird der erstere Fall vorkommen, weil der Ortsbetrieb in der Falllinie des Flötzes fast immer von unten herauf geführt wird.

Soll der ausgehende Flötztheil durch Schürfen aufgesucht werden: so fertige man sich nach Lage des diesseitigen Flötztheiles und dem Fallen der Kluft ein seigeres Quer-Profil Fig. 130. oder Fig. 131., verlängere den letztern Flötztheil bis zur Oberfläche von *E*, und schürfe nun von diesem Punkte aus, in der Richtung hin, welche sich aus der Beobachtung an der Stelle der Abschneidung ergiebt, wobei immer zunächst ein gewöhnlicher Sprung vorauszusetzen ist, wenn sonst nichts dagegen spricht.

Im Falle der Fig. 130. würde es wohl am besten sein, gleich hinter dem Ausgehenden der Sprungkluft bei *A* ein Bohrloch niederzustofsen. Bei Fig. 131. müfste dies beim Punkte *E* selbst geschehen, aber nicht allzutief, weil man sonst durch die Kluft ins diesseitige Gebirgsstück kommen könnte, und daher lieber über Tage das Bohren weiter ins Liegende verfolgen wird. Im ersteren Falle dürfte ein solches Bohrloch billiger zu stehen kommen, als ein Ueberbrechen in der Kluft, und letzteres vielleicht einmal ganz fruchtlos sein, wenn der Flötztheil etwa zu hoch gewesen, und weggewaschen also gar nicht vorhanden wäre. Im zweiten Falle kann aber leicht ein Abteufen in der Grube wegen der Wasser gar nicht ausführbar sein. Wenn der Flötztheil getroffen ist, ergiebt sich die Sprunghöhe und alles übrige aus der Zusammenstellung in ein Profil, oder auch durch trigonometrische Berechnung.

Seltener wird man den einfallenden Flötztheil durch Schürfen aufzusuchen haben, wenigstens wird dies dann meistens schon keine Arbeit mehr seyn, welche die bloſse Ausrichtung des Sprunges zum Zweck hat, sondern es ist eine gewöhnliche, die Auffindung etc. eines Abbaufeldes beabsichtigende Versuch-Arbeit, die mehr oder weniger ins Groſse gehen kann, und bei der es zuletzt gleichgültig ist, ob sie jenen Sprung zur Seite liegen hat oder nicht. Das Verfahren unterliegt daher den allgemeinen Vorschriften über Schürfen auf Steinkohlenflötzen überhaupt, und ist mithin hier nicht weiter darauf einzugehen. Eben so wenig gehört hierher: zu erörtern, wo die Erschürfung verworfener Flötztheile besser durch Bohren, durch Duckeln oder durch Aufwerfung von Schurfgraben vorzunehmen? wie sich die Teufe der Bohrlöcher etc. zu ihrer querschlägigen Entfernung verhalten muſs? u. dgl. m.

§. 274. Im Allgemeinen ist jedoch hier noch zu bemerken, daſs man bei dem Erschürfen verworfener Flötztheile besonders dann sehr vorsichtig zu Werke gehen muſs, wenn in dem Felde eine Mehrzahl von Sprüngen vorkommt. Denn da kann es sich leicht ereignen, daſs zwischen dem erschürften Flötztheil und dem abgeschnitten gefundenen, noch ein anderer Sprung durchsetzt, und dann würde die nur in Bezug auf den ersteren berechnete Sprunghöhe etc. nicht die richtige, auch oft der Flötztheil mit dem söhligen Ausrichtungsorte gar nicht auf der Stelle zu treffen sein, wo man es erwarten muſste. Eben so kann zwischen zwei Bohrlöchern oder Schürfen, wo das Flötz getroffen ward, noch ein Verwurf durchsetzen, wodurch das aus deren Teufe berechnete Flötz-Fallen nicht das wahre ist u. dgl. m. Auch hat es sich schon getroffen, daſs man mit der ganzen Schurflinie grade auf das Ausgehende eines zweiten Sprunges gekommen ist, und dadurch selbst eine Mehrzahl von Flötzen gänzlich verfehlt hat.

Unter solchen Umständen wird es leicht unmöglich, mit den sämmtlichen Versuch-Arbeiten über Tage zu einem sicheren Resultat zu gelangen, und sie können dann nur den — unter gewissen Verhältnissen aber immer sehr wichtigen — Nutzen haben: sich im Allgemeinen von der Bauwürdigkeit der Flötze im vorliegenden Felde zu überzeugen, wogegen über die Verwerfungen selbst, nur die Ausrichtung in der Grube (die so verfolgt wird, wie es jeder vorkommende einzelne Sprung erheischt) vollständiges Licht geben kann.

Anhang.

Trigonometrische Auflösung der bei Sprüngen vorkommenden Aufgaben.

§. 275. Bei allen diesen Aufgaben kommt es zuvörderst darauf an, sich die Flötz- und Sprungkluft-Flächen auf Ebenen, und bei sonstigen Unregelmäſsigkeiten auf eine mittlere Lage, zu reduciren, d. h. ihr Hauptstreichen und Fallen zu wissen.

Die Lage des Flötzes ist gewöhnlich durch die Grubenbaue hinreichend bekannt. Nicht so pflegt es bei den Sprungklüften der Fall zu seyn, sondern eine solche Kluft ist entweder:

a) nur an einer Stelle bekannt, wo ein Flötz durch selbige abgeschnitten gefunden wird, und dann bleibt nichts übrig, als dort ihr Streichen und Fallen so gut es sich thun läſst, abzunehmen. Oder

b) man hat sie auch noch mit einer zweiten Strecke, in demselben Niveau wie auf dem ersten Punkt angefahren, wodurch ihr Streichen schon genauer gegeben ist. Die Neigung ist aber vor beiden Oertern abzunehmen, und wenn dabei ein Unterschied hervortritt, das Mittel aus beiden zu ziehen.

Endlich kann auch

c) die Kluft vor drei Oertern entblöſst sein. Liegen diese Punkte nicht in einer Linie, so wird daraus das Streichen und Fallen der Kluft ganz eben so zu berechnen sein, wie man Streichen und Fallen eines Flötzes aus der Lage und der Tiefe von 3 auf selbiges gestoſsenen Bohrlöchern findet.

Es seien z. B. Fig. 22. Taf. I. C, F und G die 3 Punkte, auf denen die Sprungkluft $abdf$ angefahren ist, so dafs der Triangel CFG ihre Lage im Grundrifs vorstellt. Nun liege (nach den Resultaten des gemachten Nivellements) F um n Lachter, seiger, höher als G, C um m Lachter höher als F, also um die Höhe von $n + m$ über G.

Man verlängere CF über F hinaus und schliefse $m : CF = n : FH$, so findet man $FH = \frac{n . CF}{m}$, als so viel an CF anzutragen, um den Punkt H zu bekommen, der mit G in einem Niveau liegen mufs. Zieht man daher eine grade Linie von G nach H, so ist dies die Streichlinie der Kluft.

Aus C fälle man nun auf GH die Perpendiculäre CE: so hat man die horizontale Proportion der Falllinie. Da nun der Punkt C um die Höhe $n + m$ über E liegt, so hat man, um den Neigungswinkel der Kluft x zu finden:

$$CE : n + m = \text{sinus tot.} : \text{tang } x$$

also $$\text{tang } x = \frac{\text{sin. tot. } (n + m)}{CE},$$

oder $$(\text{sin. tot.} = 1) = \frac{n + m}{CE}.$$

Statt CE, wie vorstehend, durch geometrische Construction zu finden, könnte man die Länge dieser Linie auch durch Berechnung erhalten, was jedoch hier zu übergehen sein dürfte.

A. Bei streichenden Sprüngen.

§. 276. Die horizontale Lage der Schnittlinien bei streichenden Sprüngen macht die Verhältnisse sehr einfach, und es lassen sich daher alle hier vorkommenden Aufgaben durch die ebene Trigonometrie lösen, ja sogar auf die Berechnung rechtwinklicher Triangel zurückführen. Die Winkel der Flötztheile mit der Kluft ergeben sich von selbst aus den beiderseitigen Neigungswinkeln (§. 93.). Es können nun etwa folgende Berechnungen vorkommen, bei denen A der Fallwinkel des Flötzes, B derjenige der Kluft, C der Winkel der Ebenen und ab die Sprunghöhe etc.

1. Querschlägige Entfernung der beiden Flötztheile *bc* (Fig. 28. 31. u. 33.)

§. 277. Man suche zuerst die seigere Entfernung der Schnittlinien ae, durch rad.: sinus $B = ab : ae$, also (wenn rad. $= 1$) $ae = ab \cdot \sin. B$; dann schliefse

man rad. : cotang. $B = ae : eb$

und rad. : cotang. $A = ae : ec$.

Nun ist Fig. 28. $bc = eb + ec$

in Fig. 31. $bc = eb - ec$

und in Fig. 33. $bc = ec - eb$.

§. 278. Kürzer findet man bc unmittelbar aus ab, nach dem Lehrsatz, dafs sich in dem schiefwinklichen Triangel (abc) die Sinus der Winkel wie die ihnen gegenüberstehenden Seiten verhalten.

Es steht daher in

Fig. 28. und Fig. 33. $\sin. A : \sin. C = ab : bc$

und Fig. 31. $\sin. (180 - A) : \sin. C = ab : bc$.

2. Ansatzpunkt für den Querschlag (§. 254.); nehmlich die Länge *ac* zu finden.

§. 279. Man suche, wie vorhin, erst ae und folgere dann $\sin. A : \text{rad.} = ae : ac$.

§. 280. Oder unmittelbar aus ab:

Fig. 28. $\sin. A : \sin. B = ab : ac$.

Fig. 31. $\sin. (180 - A) : \sin. B = ab : ac$.

und Fig. 33. $\sin. A : \sin. (180 - B) = ab : ac$.

3. Berechnung des Lothes *bh* (§. 84. etc.).

§. 281. Aus der Sprunghöhe ab Fig. 29. u. 31.

$\cos. A : \sin. C = ab : bh$,

und umgekehrt aus dem Loth die Sprunghöhe durch:

$$\sin. C : \cos. A = bh : ab.$$

§. 282. Aus der Querschlagslänge bc (Fig. 31. und 33.) rad.: tang. $A = bc : bh$, oder, aus dem Loth jene Länge, rad.: cotang. $A = bh : bc$.

§. 283. Die Entfernung der beiden seigeren Ebenen (§. 87.) ergiebt sich durch

$$\text{rad.} : \cos. B = ab : be.$$

4. Berechnung der Perpendikels bd (§. 95. etc.).

§. 284. Aus der Sprunghöhe ab. Im rechtwinklichen Triangel abd steht (Fig. 28. 31. 33. 36.)

$$\text{rad.} : \sin. C = ab : bd.$$

§. 285. Aus der Querschlagslänge bc (Fig. 28. 31. 33.) rad.: sin. $A = bc : bd$.

§. 286. Aus dem Loth bh (Fig. 31. 33. 36.)

$$\text{rad.} : \cos. A = bh : bd.$$

Durch Umkehrung der Proportionen findet man aus dem Perpendikel die Sprunghöhe

$$\sin. C : \text{rad} = bd : ab \text{ etc.}$$

§. 287. Die Entfernung der beiden Perpendikular-Ebenen von einander ergiebt sich aus Fig. 31. 33.

$$\text{rad.} : \cos. C = ab : ad,$$

oder aus dem Perpendikel selbst

$$\text{rad.} : \text{cotang } C = bd : ad \text{ etc.}$$

B. Bei nicht streichenden Sprüngen.

1. Berechnung des sphärischen Triangels Fig. 21.

§. 288. In dem oben §. 53. construirten sphärischen Triangel sind immer gegeben:

Der Fallwinkel des Flötzes A, derjenige der Kluft B, von denen keiner gröfser als ein rechter sein kann, und die zwischen liegende Seite AB, hier Kürze halber = C. (Der Streichwinkel, welcher spitz oder stumpf aber immer kleiner als $2R$ sein wird.)

Gesucht werden: die Seite BC hier = a. Diejenige $AC = b$. Erstere nannten wir den Sprungwinkel (§. 57.) und letztere könnte man allenfalls mit dem Ausdruck Flötzwinkel bezeichnen. Endlich kann noch die Frage nach dem dritten Winkel C sein (§. 92.).

Man hat also hier die Aufgabe der sphärischen Trigonometrie vor sich, wo in einem (meist schiefwinklichen) Triangel aus einer Seite und den beiden anliegenden Winkeln die übrigen Stücke gesucht werden.

§. 289. Gewöhnlich geschieht dies hinsichtlich a und b mit einem Hülfswinkel, wodurch man auf Proportionen kommt, welche die bequeme Anwendung der Logarithmen der trigonometrischen Linien gestatten, was manche andere Formeln nicht gewähren. Bei allen diesen Auflösungen hat man aber, da die gegebene Seite c stumpf sein kann, und es sogar auch gewöhnlich ist, die Unannehmlichkeit, auf die positiven oder negativen Zeichen stets genau reflectiren zu müssen. Das Beste ist daher, statt einer Seite, selbst wenn man die andere nicht zu wissen brauchte, lieber bald alle beiden zu berechnen, indem man ihre halbe Summe und halbe Differenz sucht.

Die Rechnung selbst ist nicht länger, als wenn man nach andern Formeln nur eine Seite sucht, und man hat es hier nur mit bejahten Linien zu thun.

Nach der oben gewählten Bezeichnug ist:

$$\text{tang.}\ \tfrac{1}{2}(a+b) = \frac{\cos.\ \tfrac{1}{2}(A-B)\ \text{tang.}\ \tfrac{1}{2}c}{\cos.\ \tfrac{1}{2}(A+B)}$$

$$\text{tang.}\ \tfrac{1}{2}(a-b) = \frac{\sin.\ \tfrac{1}{2}(A-B)\ \text{tang.}\ \tfrac{1}{2}c}{\sin.\ \tfrac{1}{2}(A+B)},$$

da dann $\frac{1}{2}(a+b) \pm \frac{1}{2}(a-b)$ die beiden Seiten a und b geben.

Der gröfseren Seite steht allemal der gröfsere Winkel gegenüber; es steht daher, wenn (wie es gewöhnlich der Fall ist) B gröfser als A:

$$\text{tang.}\,\tfrac{1}{2}(b+a) = \frac{\cos.\tfrac{1}{2}(B-A)\,\text{tang.}\,\tfrac{1}{2}c}{\cos.\,\tfrac{1}{2}(B+A)},$$

und $$\text{tang.}\,\tfrac{1}{2}(b-a) = \frac{\sin.\,\tfrac{1}{2}(B-A)\,\text{tang.}\,\tfrac{1}{2}c}{\sin.\,\tfrac{1}{2}(B+A)},$$

wonach die Seite $a = \tfrac{1}{2}(b+a) - \tfrac{1}{2}(b-a)$, und diejenige $b = \tfrac{1}{2}(b+a) + \tfrac{1}{2}(b-a)$.

Bei Anwendung der Logarithmen kürzt sich die Rechnung auch besonders dadurch noch sehr ab, dafs man den $\cos.\,\tfrac{1}{2}(B-A)$ gleich neben dem $\sin.\,\tfrac{1}{2}(B-A)$ und eben so den $\cos.\,\tfrac{1}{2}(B+A)$ neben $\sin.\,\tfrac{1}{2}(B+A)$ findet, und beides zugleich aus den Tafeln extrahiren kann. Es sei z. B. $c = 120°$, $A = 18°$ und $B = 70°$,

also $$\text{tang.}\,\tfrac{1}{2}(b+a) = \frac{\cos.26°\ \text{tang.}\,60°}{\cos.\,44°}$$

und $$\text{tang.}\,\tfrac{1}{2}(b-a) = \frac{\sin.\,26°\ \text{tang.}\,60°}{\sin.\,44°}.$$

Nun ist

log. tab. cos. 26° =	9,9536602	u. sin. 26° =	9,6418420.
+ log. tab. tg. 60° =	10,2385606	— —	10,2385606.
Summa	20,1922208	— —	19,8804026.
— log. tab. cos. 44° =	9,8569341	u. sin. 44° =	9,8417715.
bleibt	10,2352867	und	10,0386311.

erstes zu tang. 65° 12′ und zweites zu tang. 47° 33′,

wonach also $b = 112°\ 45'$,

und $a = 17°\ 39'$.

§. 290. Bei einer querschlägigen Kluft ist die Seite c ein Quadrant, der Triangel also **rechtseitig**, und hiernach

$$\text{cotang.}\,a = \sin.B\ \text{cotang.}\,A,$$
$$\text{cotang.}\,b = \sin.A\ \text{cotang.}\,B.$$

Weder a noch b kann hierbei stumpf sein.

§. 291. Bei einer spieseckigen Seigerkluft, wo also der Winkel B ein rechter, steht im rechtwinklichen Triangel ABC

$$\text{rad.} : \sin. c = \text{tang.} A : \text{tang.} a,$$

also

$$\text{tang.} a = \text{tang.} A . \sin. c,$$

(der rad. immer $= 1$ gesetzt).

a kann hier nicht stumpf sein, und:

$$\text{cotang.} b = \text{cotang.} c. \cos. A,$$

wo b spitz oder stumpf, je nachdem c spitz oder stumpf ist.

§. 292. Bei seigerem Flötz (wo A der rechte Winkel) ist:

$$\text{tang.} a = \text{tang.} B. \sin. c$$

und

$$\text{cotang.} b = \text{cotang.} c. \cos. B.$$

---

§. 293. Der Sprungwinkel ist bei beiden Flötztheilen derselbe (§. 65.), dagegen der Flötzwinkel des hangenden Flötztheiles das Supplement des hier berechneten $(180 - b)$.

Die letzteren Winkel werden übrigens selten gebraucht.

§. 294. Den Winkel in C (§. 92.) findet man (nach der vorigen Bezeichnung) durch

$$\cos. C = \cos. c. \sin. B. \sin. A - \cos. B \cos. A.$$

Er wird selten zu berechnen sein, da es gewöhnlich schon an der Stelle der Abschneidung deutlich hervortritt, ob Deckung nach dem Perpendikel vorhanden sein kann oder nicht? Wie derselbe bei rechtem Streichwinkel, oder bei seigerem Stande der Kluft oder des Flötzes, und wie er, wenn die Seiten a oder b bereits bekannt sind, aus diesen kürzer zu finden, kann hier füglich übergangen werden.

---

§. 295. Endlich kann es noch vorkommen, daſs man die Lage der Schnittlinie KC überhaupt wissen will. Diese wird bestimmt durch ihren Neigungswinkel gegen den Horizont, welchen in dem sphärischen Triangel ABC (Fig. 37.) der Perpendikel CD mifst, und durch den Winkel ihrer horizontalen Projection DK mit den Streichlinien BK und AK. Es sei hier $AB = c$, $BD = x$, wonach $DA = c - x$, und CD sei $= y$.

Hat man also y und x berechnet, so ist die Lage von CK gefunden.

Wenn man schon eine der Seiten $BC = a$ oder $AB = b$ kennt, so wäre

$$\sin. y = \sin. B \sin. a$$

$$\text{und} \quad \text{cotang.}\, x = \frac{\text{cotang.}\, a}{\cos. B}.$$

Ist aber noch keine dieser Seiten gefunden, so sehe man in jedem der beiden rechtwinklichen Triangel BCD und ACD die Grundlinien x und $c-x$ als bekannt an, und suche die, beiden gemeinschaftliche Höhe y aus dem schiefen Winkel, der in beiden gegeben ist, so erhält man

$$\begin{aligned} \text{tang.}\, y &= \text{tang.}\, B \sin. x \\ &= \text{tang.}\, A \sin. (c-x). \end{aligned}$$

Nun ist

$$\begin{aligned} \sin. (c-x) &= \sin. c \cos. x - \cos. c \sin. x \\ &= \sin. x (\sin. c \cot. x - \cos. c). \end{aligned}$$

Beide Werthe von tang. y einander gleich gesetzt, geben nun (wenn man auf beiden Seiten der Gleichung mit sin. x dividirt):

$$\text{tang.}\, B = \text{tang.}\, A (\sin. c \cot. x - \cos. c).$$

Folglich

$$\begin{aligned} \cot. x &= \frac{\text{tang.}\, B + \cos. c \,\text{tang.}\, A}{\sin. c \,\text{tang.}\, B} \\ &= \frac{\text{tang.}\, B \cot. A}{\sin. c} + \cot. c. \end{aligned}$$

Hat man hierdurch x gefunden, so ergiebt sich y aus dem obigen Werthe.

Wenn $C = 90°$ (bei einer querschlägigen Kluft) so ist cot. x = tang. B tang. A etc. Die Berechnung wird im Ganzen selten vorkommen, höchstens kann in dem Falle (§. 270.) der Winkel x oder $c - x$ zu wissen nothwendig sein, um die Lage der Schnittlinien auf den Grundrifs zu tragen, und der Bogen y, um das Ansteigen zu erfahren was eine Strecke bekommt, die man an der Sprungkluft entlang treiben wollte, da dies wegen der darin anzulegenden Förderungs-Vorrichtungen von Wichtigkeit sein kann.

---

2. Berechnung der söhligen Länge der Ausrichtung.

a. Aus der flachen Sprunghöhe.

§. 296. Man hätte sich durch ein Ueberbrechen oder Abteufen in der Falllinie der Kluft von der Höhe eines nicht streichenden Sprunges überzeugt, und wollte nun wissen, wie weit man söhlig in der Kluft aufzufahren habe, um den jenseitigen Flötztheil zu erreichen.

Hierzu hat man den Winkel x zu wissen nöthig, den die Schnittlinie des jenseitigen Flötztheiles mit der Streichlinie der Kluft macht, denn ist dieser gefunden, so ist zu schliefsen: rad. : cotang. x wie die Sprunghöhe zur gesuchten horizontalen Entfernung.

Der Winkel x ist noch am ersten am Dach oder Sohle des aufgefundenen Flötztheiles abzunehmen, nehmlich an den Linien, wo das eine oder andre an der Kluft absetzt. Wer diese Messung schon ausgeführt hat, wird zugeben, dafs sie wegen der häufigen Unebenheiten der Flächen stets sehr unzuverlässig ist, und dies um so mehr, als von einer Entblöfsung von oft kaum einem einem halben Lachter auf grofse Längen geschlossen werden soll. Es ist daher rathsam, diesen Winkel nach §. 289. (wo er a genannt ward) zu berechnen; man wird dabei das Hauptfallen und Streichen der Kluft aus dem ganzen Ueberbrechen oder Abteufen, oder nach §. 275. sicherer erhalten; das Hauptstreichen des Flötzes kennt man aber aus der streichenden Strecke etc., und nimmt das Fallen am Dache des jenseitigen Flötztheiles ab (letzteres ist nothwendig, weil dort die Neigung bisweilen etwas anders als diesseits des Sprunges ist).

Umgekehrt kann man bei zuerst bekannter söhliger Entfernung, aus dieser die Sprunghöhe finden, durch rad. : tang. x, wie die horizontale Entfernung zur flachen Sprunghöhe.

b) Aus der Seigerhöhe des Sprunges.

§. 297. Wäre etwa durch ein Bohrloch (Fig. 38. und 40.) die Seigerhöhe des Sprunges ce bekannt: so suche man die rein querschlägige Entfernung der Flötztheile, oder vielmehr ihrer (nöthigenfalls zu verlängernden) Streichlinien bc (den Fallwinkel des Flötzes A nennend) durch: rad. : cotang. A = wie die Tiefe des Bohrloches ce zu bc.

Dann aber aus dem bekannten spitzen Streichwinkel v (Fig. 38. 39. und 40.) im Triangel abc

$$\sin. v : \text{rad.} = bc : ab,$$

so ist ab die gesuchte Entfernung in der Streichlinie der Kluft.

3. Berechnung der rein querschlägigen Entfernung (Seiten-Verschiebung).

§. 298. Wie man diese aus dem Loth findet, ist eben gelegentlich gezeigt. Aus der schiefen söhligen Entfernung berechnet man selbige Fig. 38. 39. und 40. durch $\text{rad.} : \sin. v = ab : bc$.

§. 299. Wird ac zu wissen verlangt (§. 253.), so steht $\text{rad.} : \cos. v = ab : ac$.

4. Berechnung des Lothes.

§. 300. Die Länge des Lothes hängt lediglich von der Seigerhöhe des Sprunges und dem Fallen des Flötzes ab, oder ergiebt sich auch, wie bereits gezeigt, aus der rein querschlägigigen Entfernung. Seine Berechnung kann daher ganz eben so wie bei streichenden Sprüngen (§. 282.) vorgenommen werden.

Aus der flachen Sprunghöhe kann es aber hier nicht unmittelbar gefunden werden, sondern man hat diese auf die Seigerhöhe (durch rad.: sin. B) zu reduciren, oder zuvor bc Fig. 31. zu suchen etc.

Wie man die Entfernung der beiden seigeren Ebenen finden kann, dürfte sich aus §. 88. ergeben.

5. Berechnung des Perpendikels.

§. 301. Von dieser kann ganz dasselbe gelten, was so eben in Betreff der Länge des Lothes gesagt ward; hinsichtlich der Entfernung der beiden Perpendikular-Ebenen (als um welche die beiden Flötztheile, wenn der Winkel der Ebenen spitz ist, übereinander greifen) aber auf §. 96. Bezug genommen werden.

Zum Schlusse werden hier noch einige Bemerkungen beigefügt über

C. Anfertigung seigerer Durchschnitte von Sprüngen.

§. 302. Eigentlich läſst sich nur von einem streichenden Sprunge ein vollständiges Profil liefern, da es hier mit seiner seigeren Ebene, im rechten Winkel die Streichlinie schneidend, Kluft und Flötz mit ihrer wahren Neigung zeigt.

§. 303. Das Profil eines querschlägigen Sprunges stellt entweder die Kluft in ihrem Fallen, und dann die Flötztheile horizontal vor, oder es liegt in der Falllinie der letzteren, und die Kluft wird söhlig geschnitten.

§. 304. Was aber besonders die Anfertigung von Durchschnitten spieseckiger Sprünge betrifft, so ist Folgendes zu beachten: In allen solchen Profilen zeigen, wenn sie richtig angelegt sind, entweder die Flötztheile oder die Klüfte, oder beide, eine um so schwächere Neigung als die wahre, je nachdem der Schnitt welcher zwischen der Fall- und Streichlinie liegt, der letzteren näher kommt.

Am gewöhnlichsten kommt der Fall vor, dafs das Profil eines spieseckigen Sprunges in der Falllinie des Flötzes dessen Theile durchschneiden soll; also die Kluft mit einer geringeren Neigung darzustellen ist. Es fragt sich nun, wie viel dies beträgt?

Man stelle die senkrechte Profil-Ebene mit der der Kluft (in deren Liegendem) ganz auf dieselbe Art zusammen, wie oben (§. 53.) letztere mit der Ebene des Flötztheiles: so erhält man Fig. 41. den rechtwinklichen sphärischen Triangel ABC. (Es stelle hier BCK die auf ABK senkrechte Profil-Ebene, und ACK die der Kluft vor.) AB mifst den spitzen Winkel, den die Profillinie BK mit der Streichlinie der Kluft macht (das Complement von dem spitzen Winkel der Streichlinien von Kluft und Flötz). B ist der rechte Winkel und A der Fallwinkel der Kluft. Es ist hier der Bogen BC zu finden, und zwar durch

$$\text{rad.} : \sin. AB = \text{tang.} A : \text{tang.} BC,$$

also
$$\text{tang.}\, BC = \text{tang.} A \sin. AB,$$

wo BC der Winkel ist, welchen die Kluft in einem querschlägigen Profil gegen dessen Grundlinie zeigen müfste.

§. 305. Die Entfernung der Abschnitte der Flötztheile von einander, kann in einem solchen Profil weder mit der Sprunghöhe noch mit der söhligen übereinkommen, sondern sie liegt zwischen beiden. Jene zu finden wird es am einfachsten sein, von der seigeren Sprunghöhe ac Fig. 42. auszugehen. Es sey nun γ das reducirte Fallen der Kluft (der Winkel, den sie im Profil zeigt), so steht

$$\sin.\gamma : \text{rad.} = b'c : ab, \text{ also}$$

$$(\text{rad.} = 1)\ ab = b'c \,.\, \sin.\gamma,$$

wo dann ab die Entfernung der Abschnittspunkte der Flötztheile ist, wie das Profil selbige angeben mufs.

Sollte dagegen ein Profil in der Falllinie der spieseckigen Kluft angefertigt werden: so ist in diesem die Entfernung der Flötztheile gleich der Sprunghöhe; die Kluft erhält ihre wahre Neigung, aber das Fallen der Flötztheile müfste geringer erscheinen. Wie viel letzteres betragen soll, wird man aus der Zusammenstellung der Flötz-Ebene eben so finden, wie oben das Fallen der Kluft reducirt ward.

Zugleich wird nun auch klar, wie zu verfahren wäre, wenn sowohl Kluft als Flötztheile in schiefer Richtung durch eine seigere Profil-Ebene geschnitten würden, wo man dann mit dieser beides, Flötz und Kluft, zusammenzustellen und die Neigungswinkel zu reduciren hätte. Die Entfernung der Flötztheile im Profil ergiebt sich stets am einfachsten aus der senkrechten der Schnittlinien.

Fig. 1.
2.
3.
8.
9.
10.
15.
16.
17.
21.a
21.b
21.c

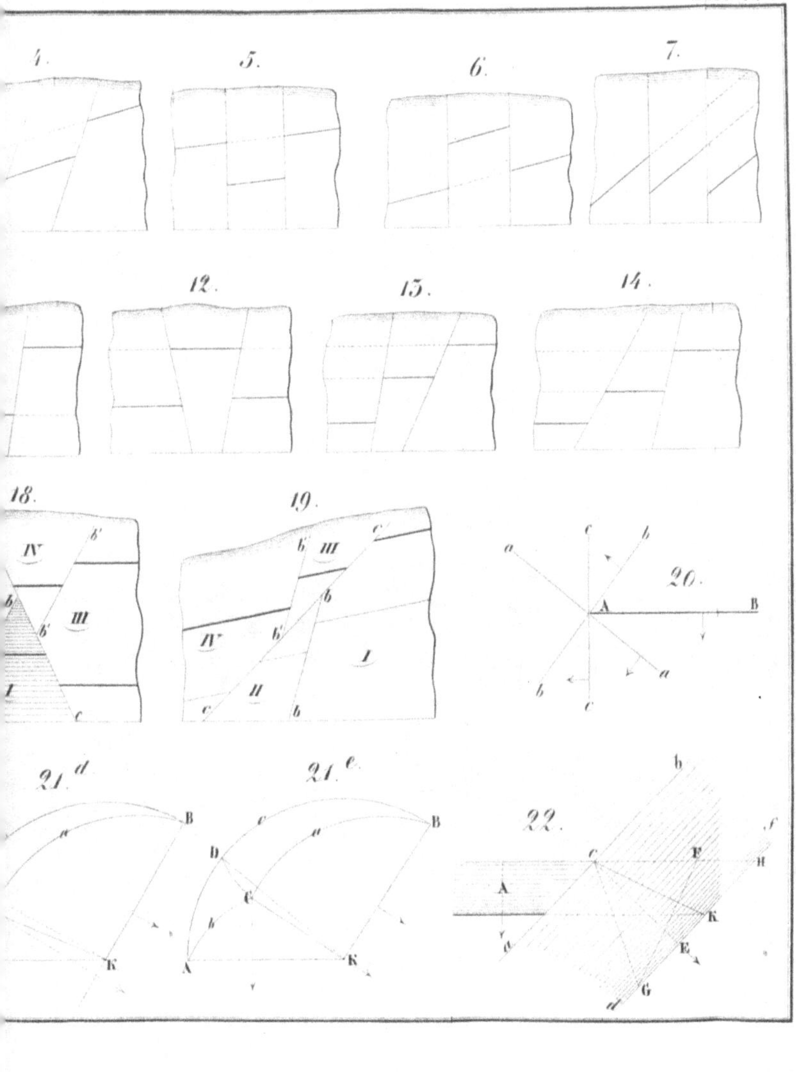
4.
5.
6.
7.
12.
13.
14.
18.
19.
20.
21. d
21. e
22.
A
B
C
D
E
F
G
H
K

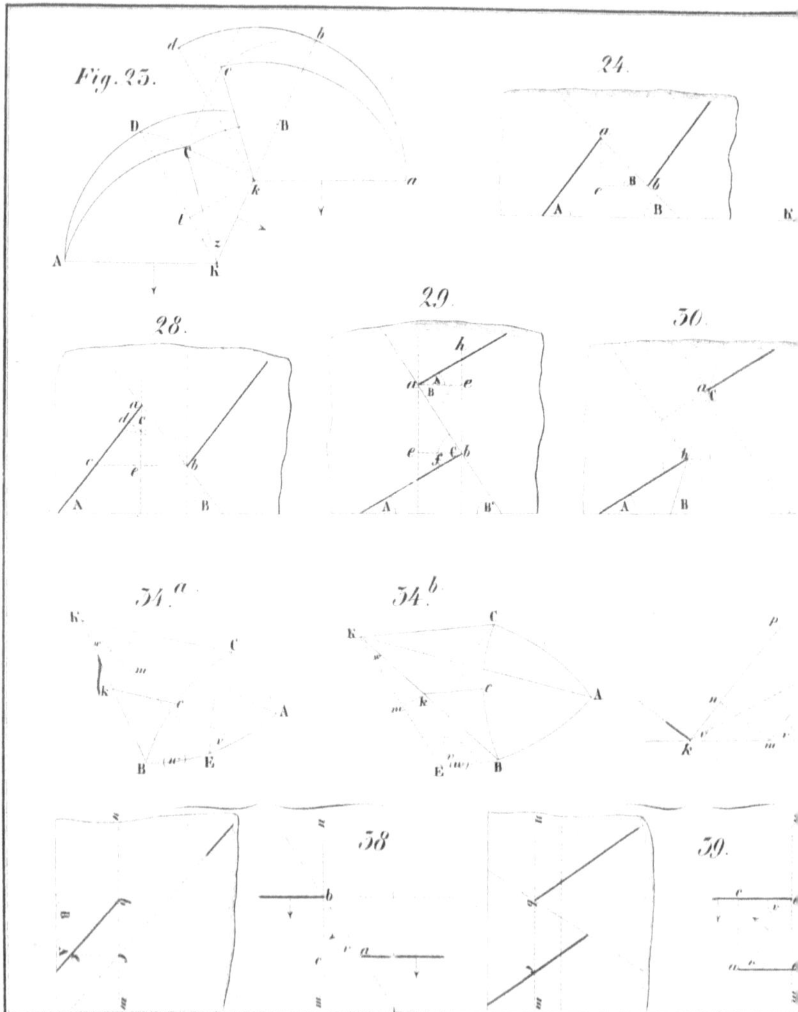
Fig. 23.
24.
28.
29.
30.
34.a
34.b
38
39.

TAF. II.

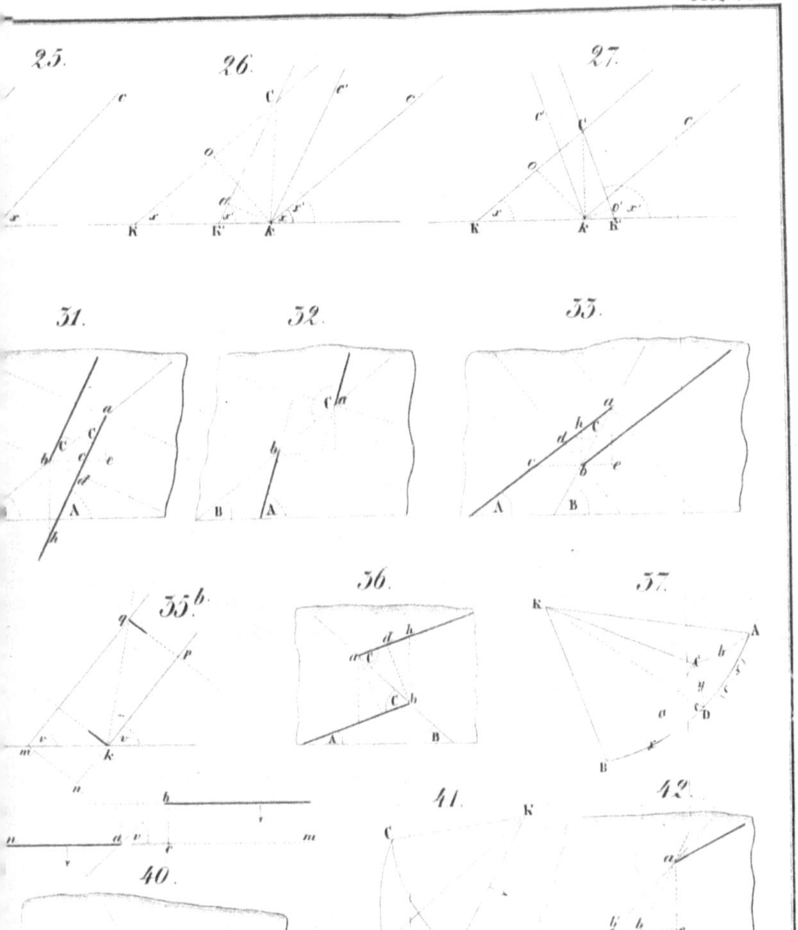

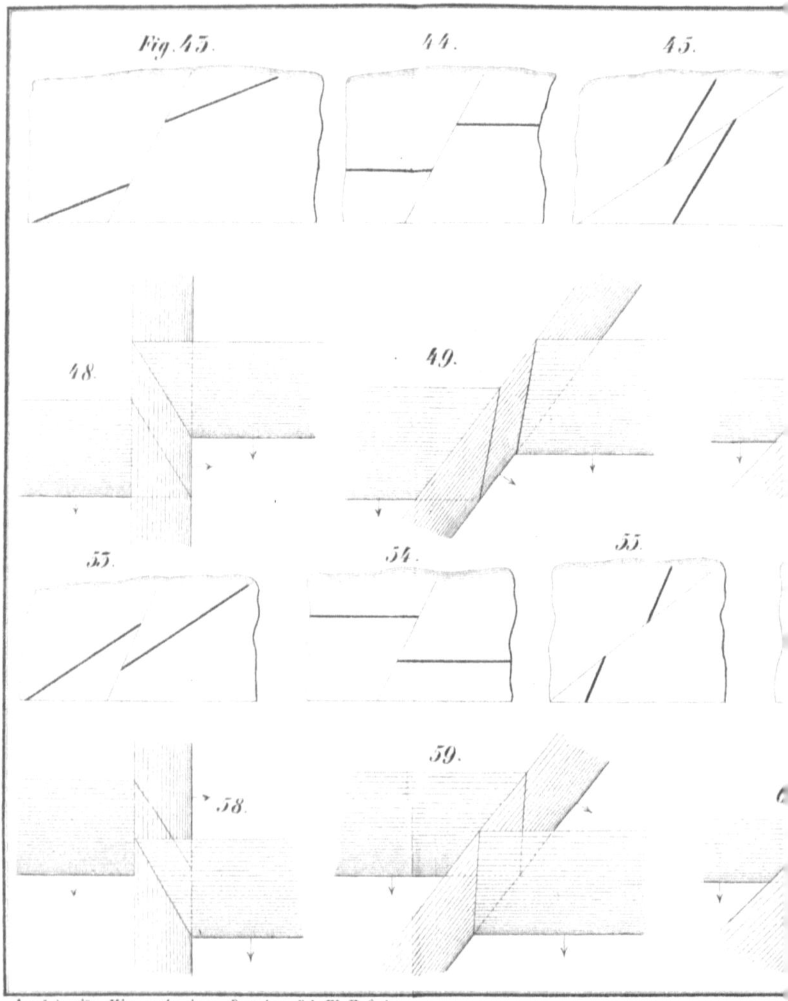
Fig. 43.
44.
45.
48.
49.
53.
54.
55.
58.
59.

TAF. III.

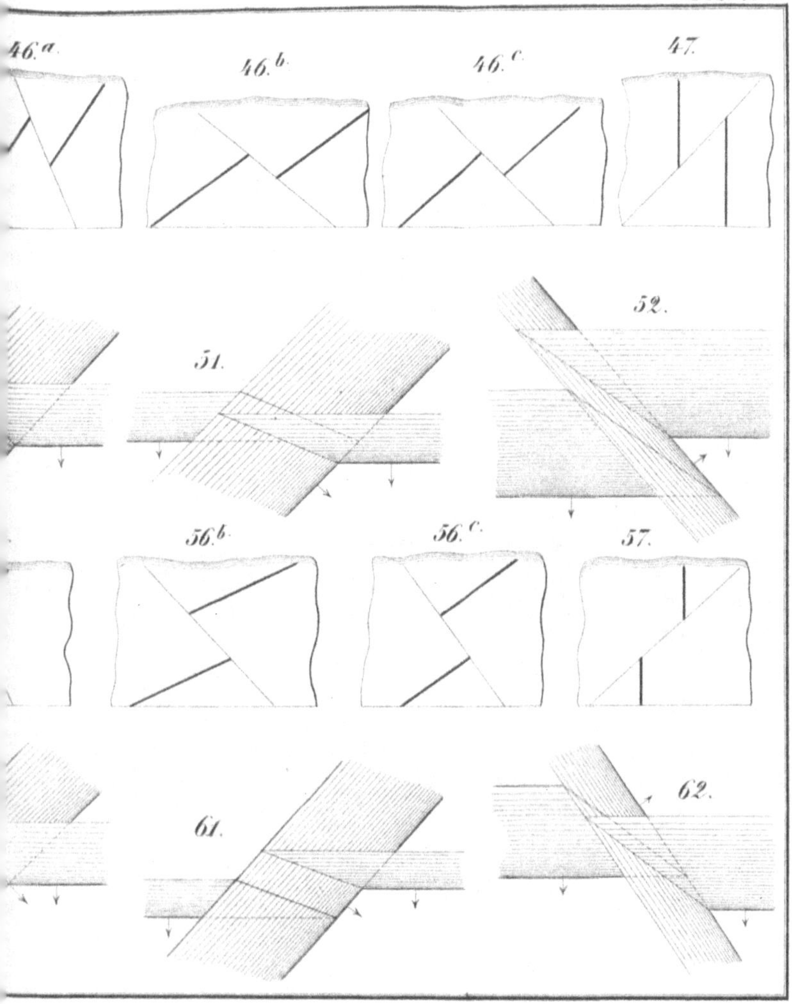

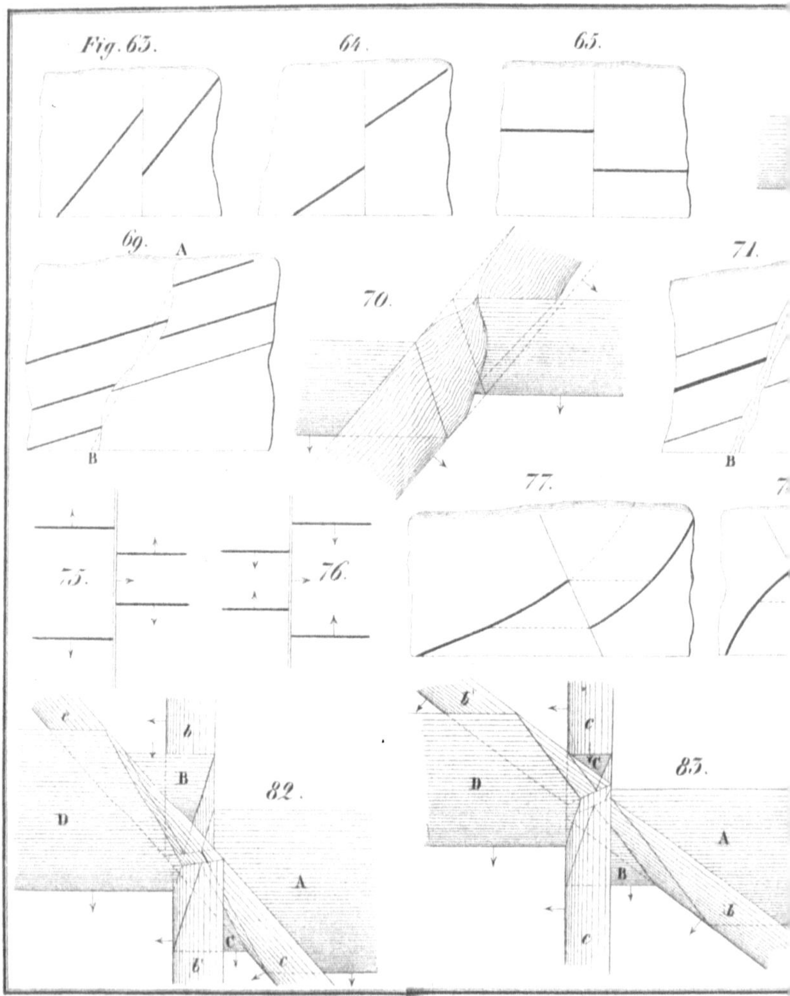
Fig. 63.
64.
65.
69.
A
B
70.
71.
B
75.
76.
77.
82.
c
b
B
D
A
C
b
c
83.
b
c
C
D
A
B
b
c

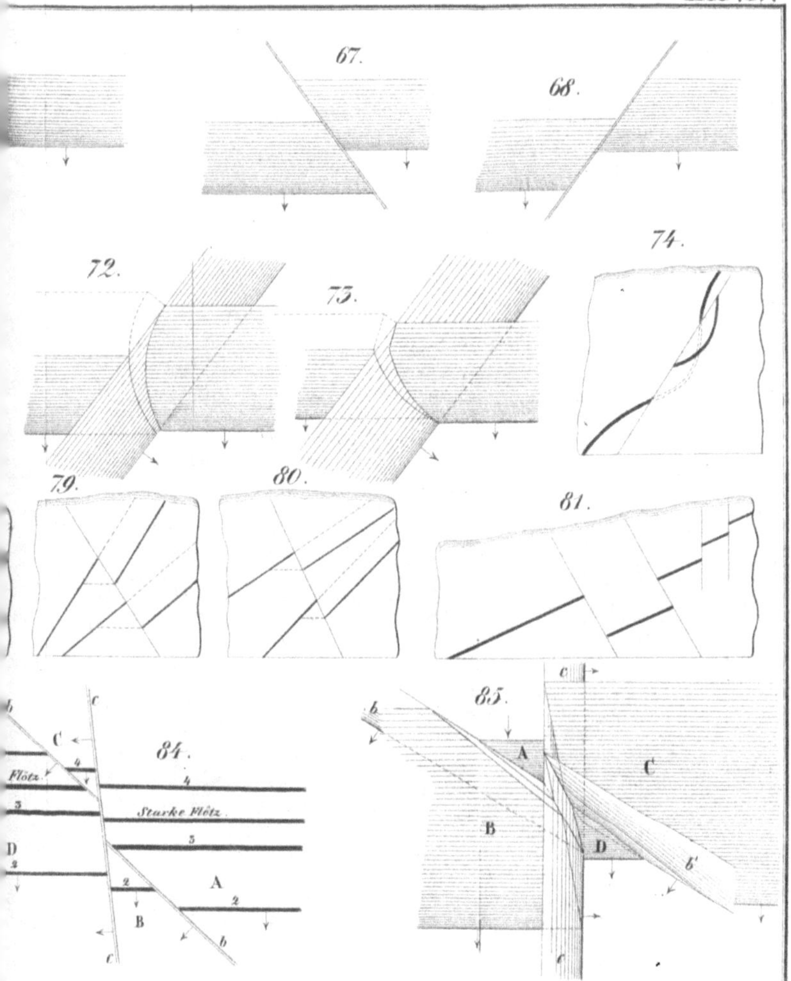
67.
68.
72.
73.
74.
79.
80.
81.
84.
C
Flötz
4
3
D
2
Starke Flötz
A
B
b
c
85.
A
B
C
D
b
b'
c

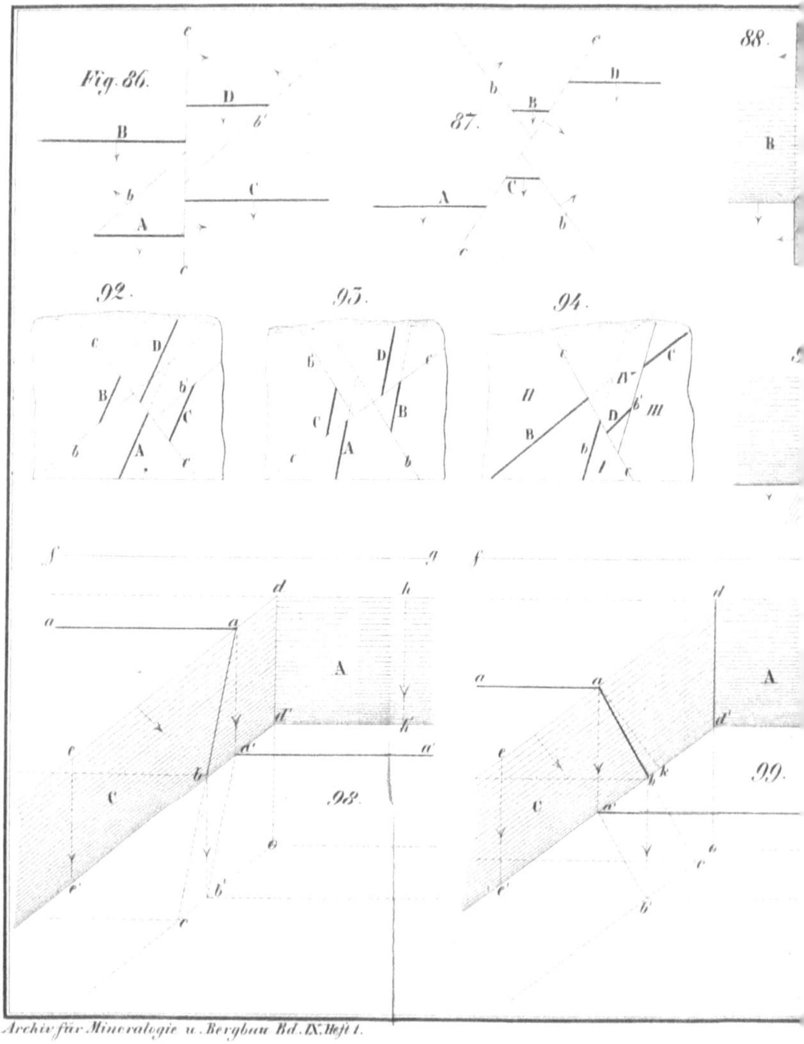
Fig. 86.
87.
88.
92.
93.
94.
98.
99.
A
B
C
D

TAF. V.

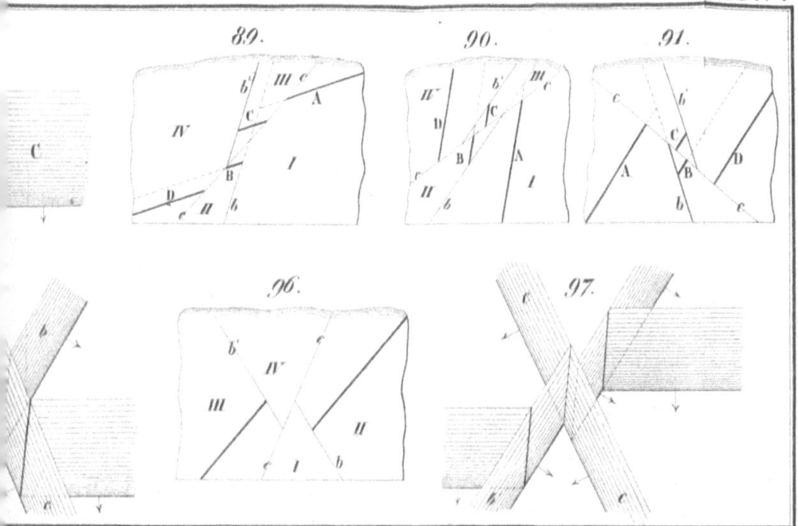

Profile von dem 2½ 3' m. Flötze der Caroline-Grube bei Bitkow.

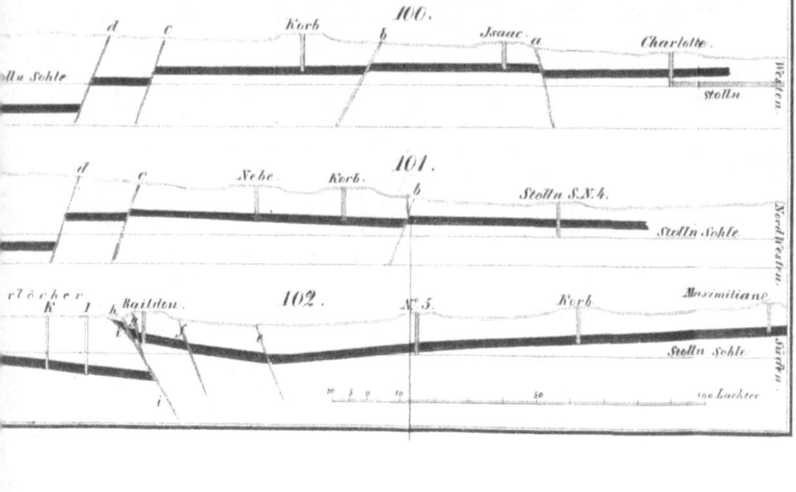

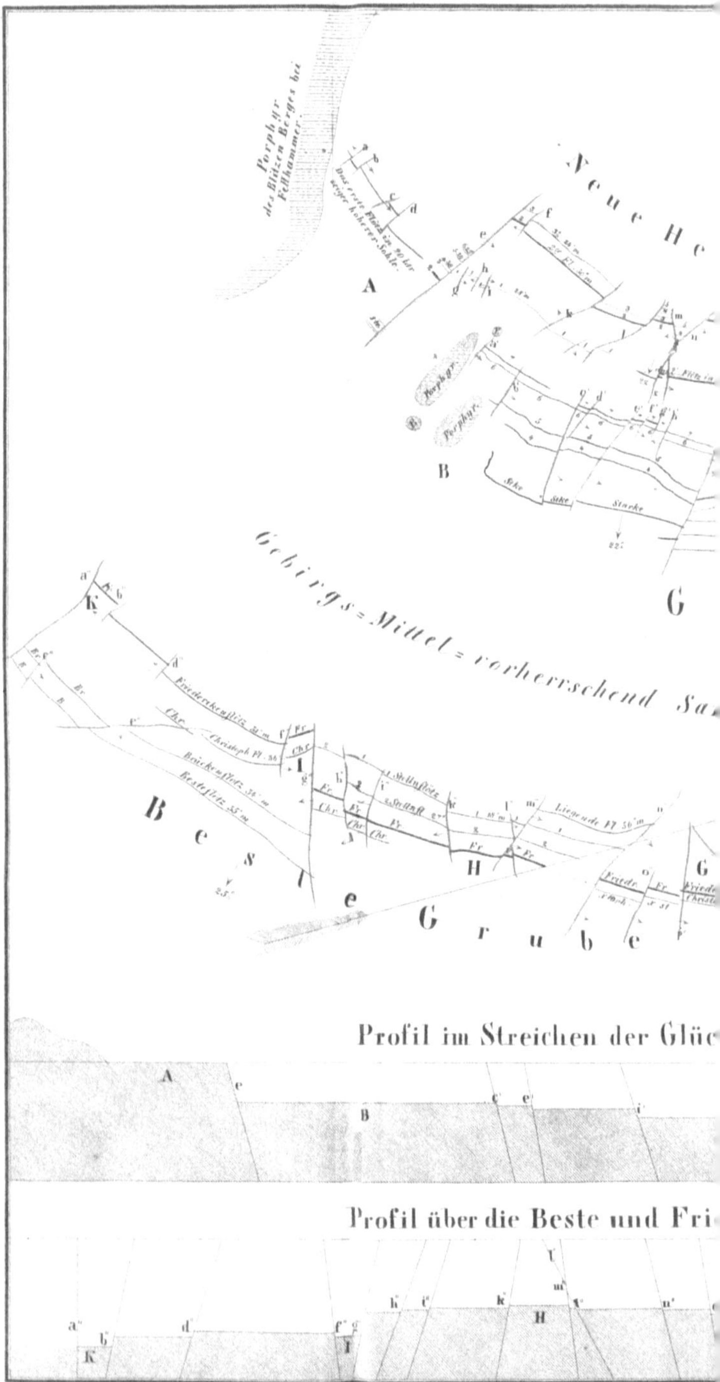
Porphyr des Blizzen Berges bei Fellhammer
Neue He
Gebirgs=Mittel=vorherrschend Sa
Beste Grube
Profil im Streichen der Glüc
Profil über die Beste und Fri

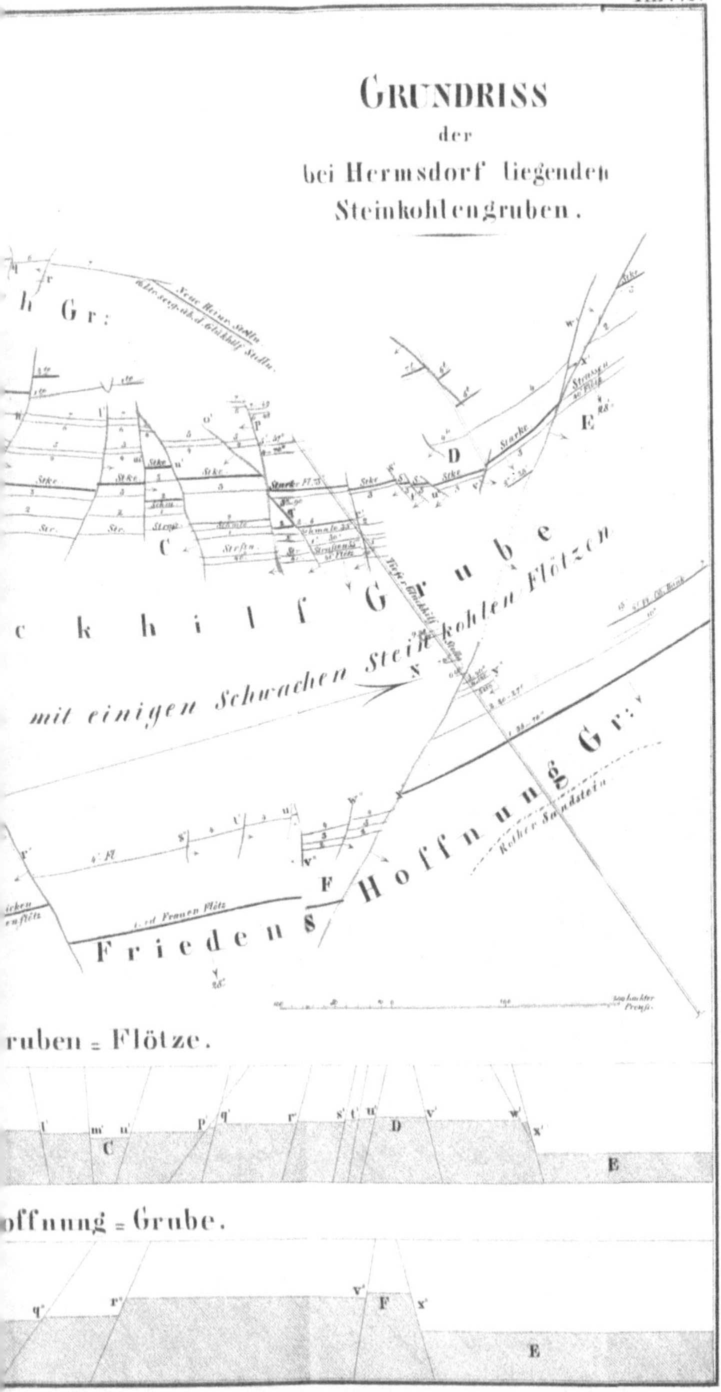
GRUNDRISS
der
bei Hermsdorf liegenden
Steinkohlengruben.
h Gr:
ckhilf Grube
mit einigen Schwachen Steinkohlen Flötzen
Neue Heinr. Stolln
Tiefer Glückhilf Stolln
Hoffnung Gr:
Rother Sandstein
Friedens
ruben = Flötze.
offnung = Grube.

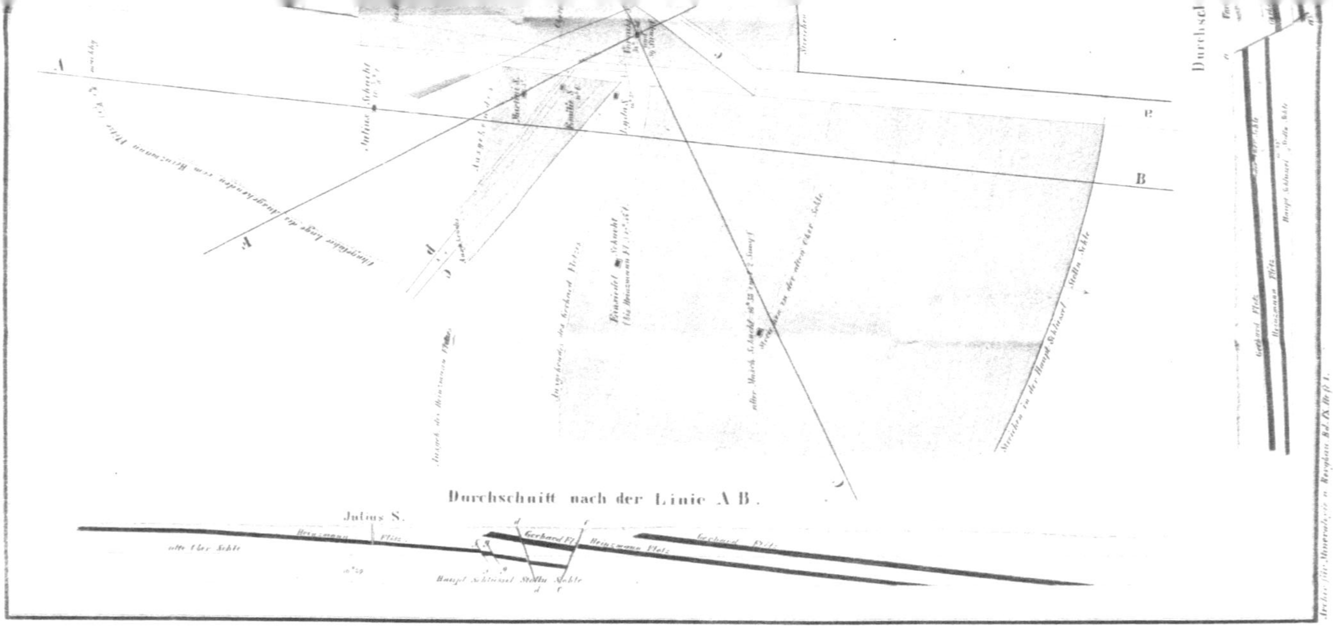
Julius Schacht
Einsiedel Schacht
(bis Heinzmann Fl.)
Ausgehendes des Gerhard Fletzes
Ausgeh. des Heinzmann Fletzes
alter Musch Schacht
Streichen in der alten Ober Sohle
Streichen in der Haupt Schlüssel Stolln Sohle
Durchschnitt nach der Linie A B.
Julius S.
Heinzmann Flötz
alte Ober Sohle
Haupt Schlüssel Stolln Sohle
Gerhard Fl.
Heinzmann Flötz
Gerhard Flötz
Durchsch

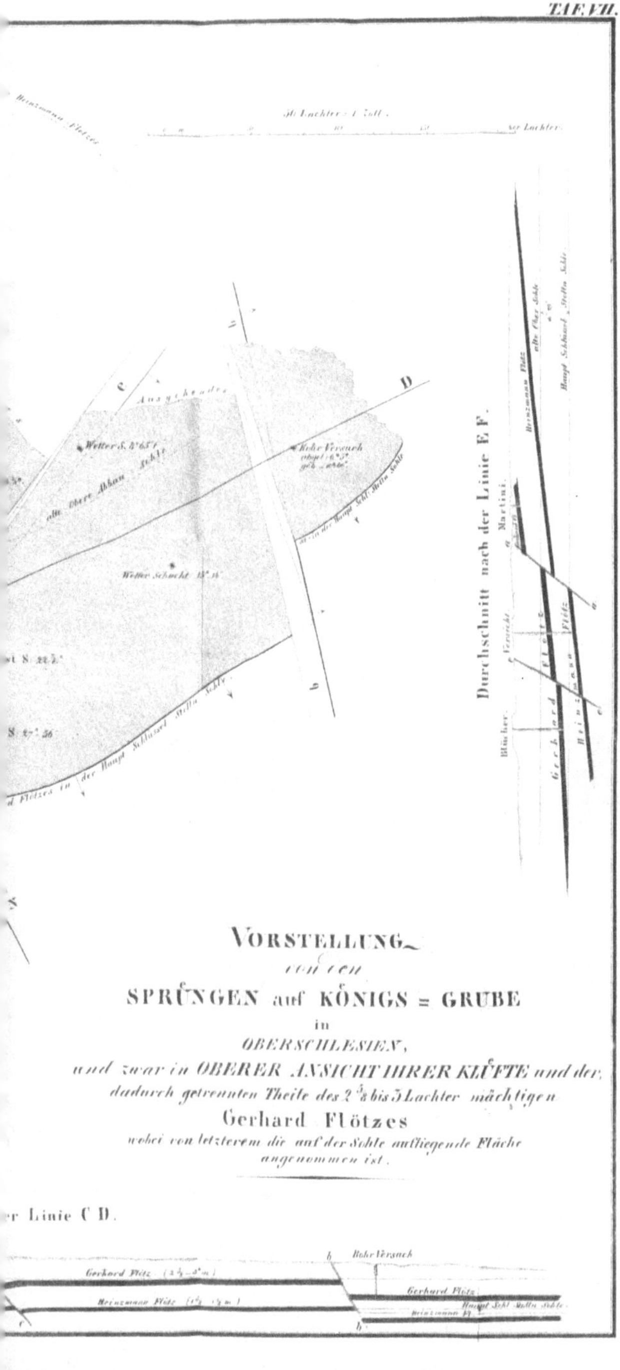

Durchschnitt nach der Linie E F.
Heinzmann Flötz
Gerhard Flötz
Martini
Blücher
Hohe Versuch
Wetter Schacht
D
VORSTELLUNG
von den
SPRÜNGEN auf KÖNIGS = GRUBE
in
OBERSCHLESIEN,
und zwar in OBERER ANSICHT IHRER KLÜFTE und der,
dadurch getrennten Theile des 2 5/8 bis 3 Lachter mächtigen
Gerhard Flötzes
wobei von letzterem die auf der Sohle aufliegende Fläche
angenommen ist.
r Linie C D.
Gerhard Flötz
Heinzmann Flötz

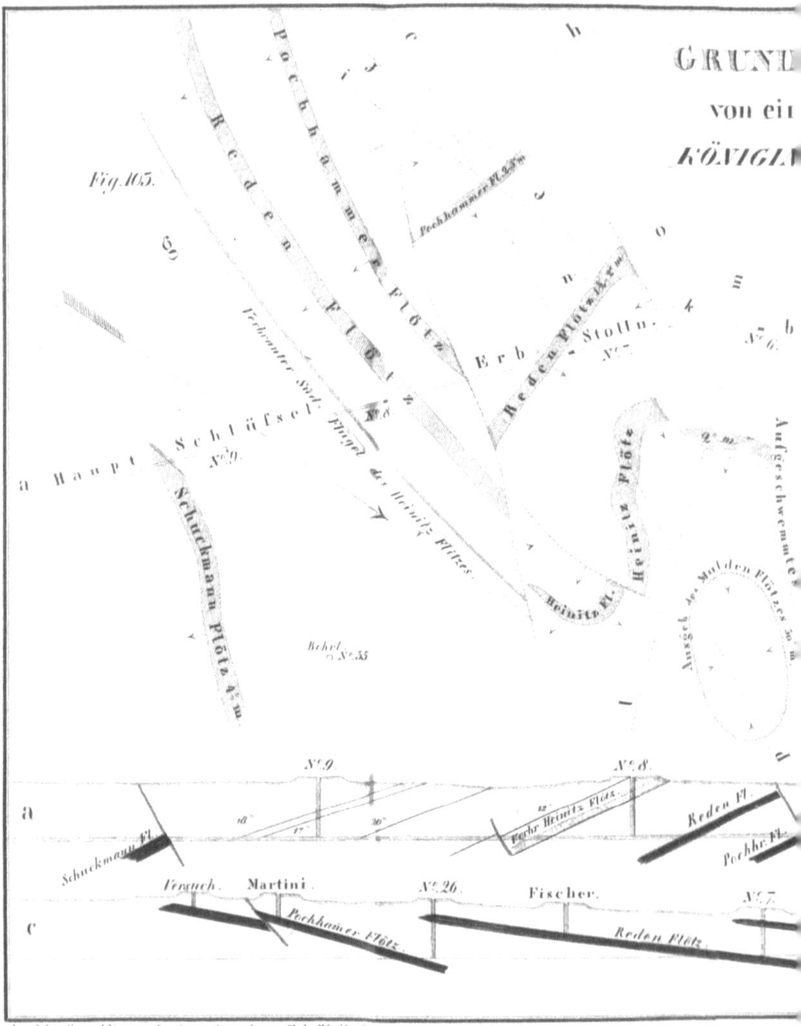
GRUNI
von ei
KÖNIGI
Fig. 105.
Pochhammer Flötz
Reden Flötz
Pochhammer Fl. 2½ m
Reden Flötz 1½ m
Erb Stolln.
Haupt Schlüfsel
Nº 9.
Nº 8.
Nº 6.
Schuckmann Flötz 4½ m
Heinitz Flötz
Heinitz Fl.
Verbrannter Süd-Flügel des Heinitz Flötzes
Aufgeschwemmtes
Ausgeh. des Mulden Flötzes
Schuckmann Fl.
Fechr Heinitz Flötz
Reden Fl.
Pochhr. Fl.
Versuch.
Martini.
Nº 26.
Fischer.
Nº 7.
Pochhamer Flötz
Reden Flötz
a
c

TAF. VIII.

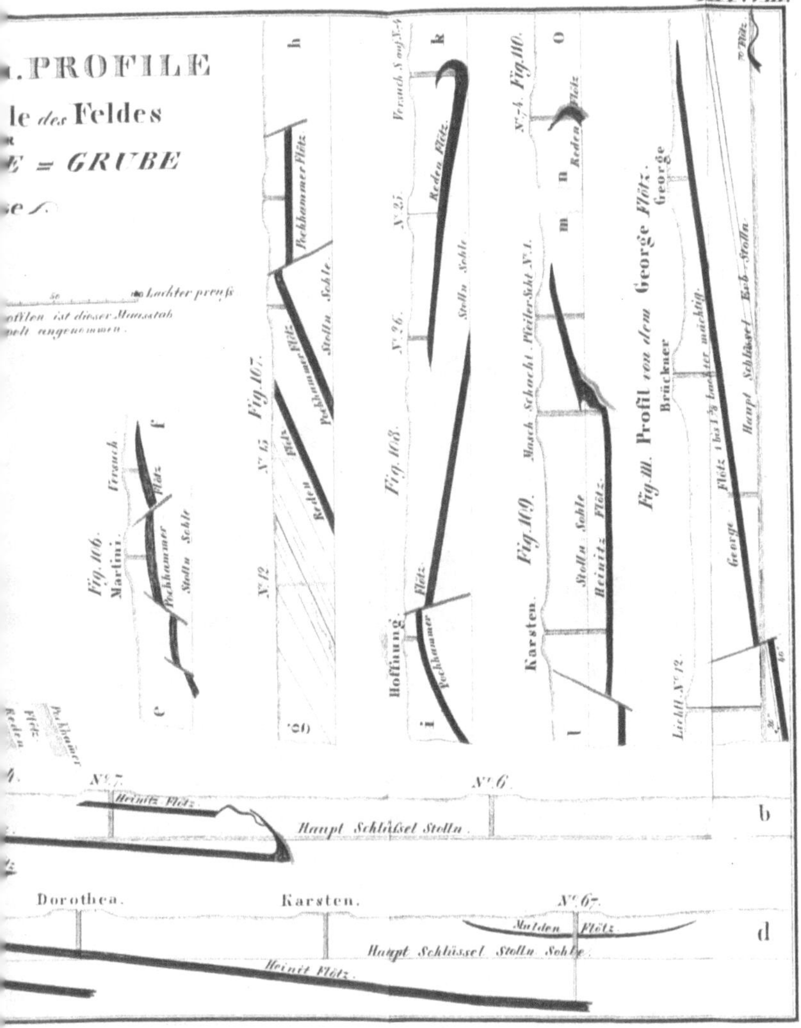

PROFILE
le des Feldes
E = GRUBE
Lachter preuſs
Fig. 106.
Martini.
Versuch
Flötz
Pochhammer
Stolln Sohle
Fig. 107.
Pochhammer Flötz
Stolln Sohle
Reden Flötz
Fig. 108.
Hoffnung.
Pochhammer
Flötz
Reden Flötz
Stolln Sohle
Fig. 109.
Karsten.
Stolln Sohle
Heinitz Flötz
Fig. 110.
Reden Flötz
Fig. 111. Profil von dem George Flötz.
George
Brückner
Haupt Schlüssel Erb-Stolln
Heinitz Flötz
Haupt Schlüssel Stolln
Dorothea.
Karsten.
Mulden Flötz
Haupt Schlüssel Stolln Sohle
Heinit Flötz

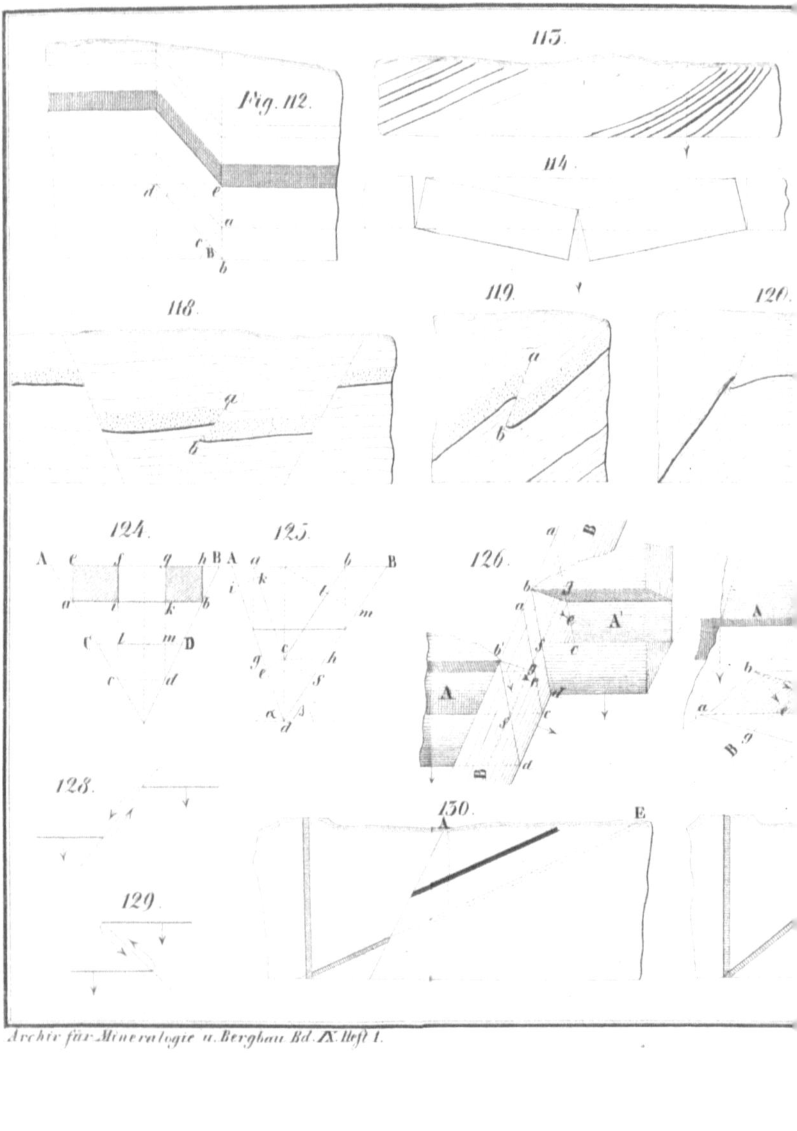
Fig. 112.
113.
114.
118.
119.
120.
124.
125.
126.
128.
129.
130.

TAF. IX.

5.

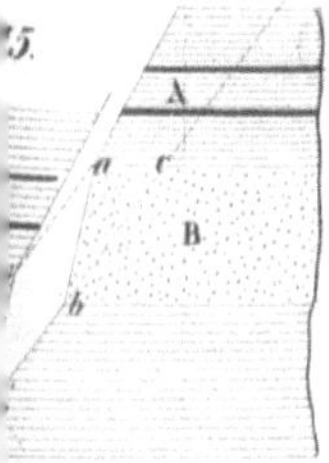

116.

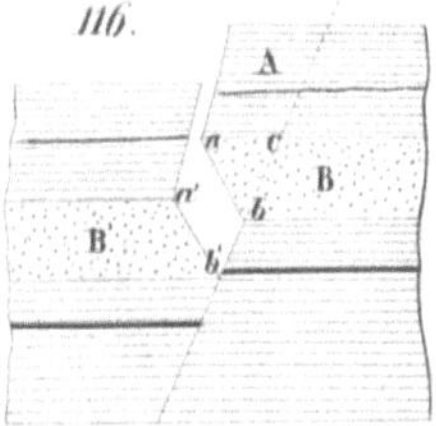

117.

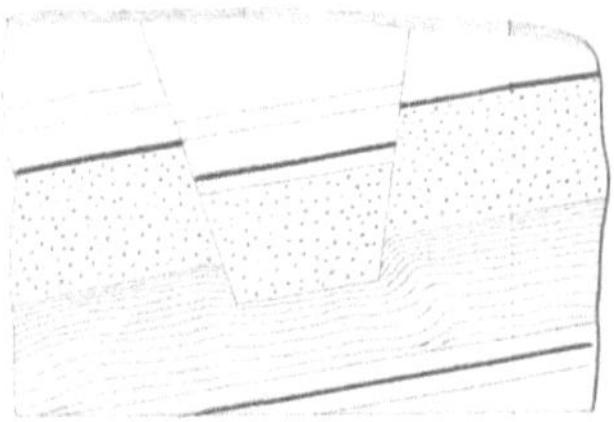

121.

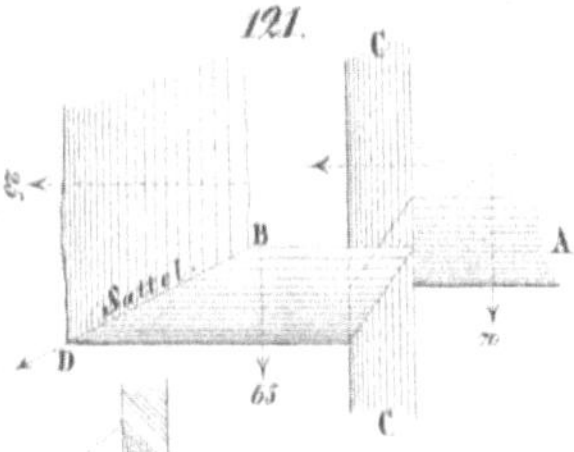

122.

123.

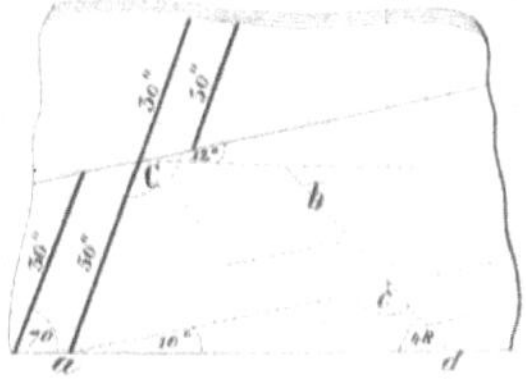

E

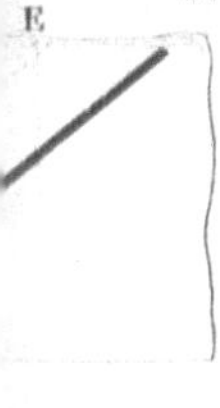

132.

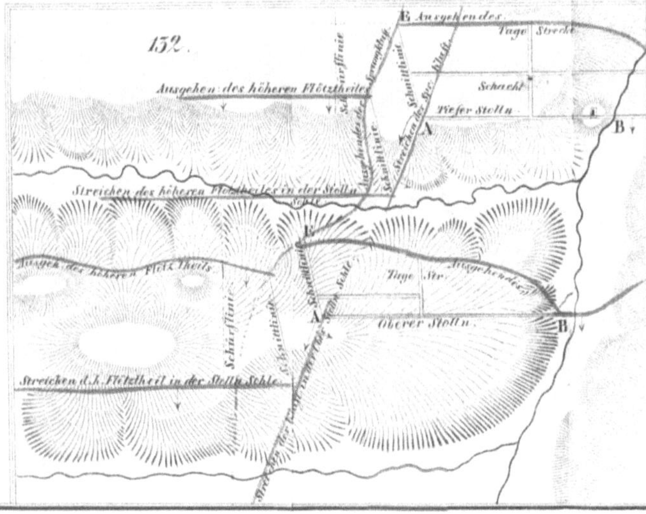

www.ingramcontent.com/pod-product-compliance
Lightning Source LLC
LaVergne TN
LVHW092107300926
849161LV00002B/71